香り選書 7

ユズの香り

—柚子は日本が世界に誇れる柑橘—

沢村 正義

フレグランスジャーナル社

1300年の歴史を伝える和柑橘ー柚子

ユズ　*Citrus Junos* Sieb. ex Tanaka

清和天皇陵のある京都市右京区水尾
日本のユズの起点と思われます。

日本の中山間地域を支える柚子

実生のユズ古木林
村内には約 5000 本の実生ユズの古木が自生しています（高知県北川村）。

ユズ搾汁工場
近代的な工場内部には自動化されたユズ搾汁装置が並んでいます（写真：馬路村農業協同組合提供）。

目次

はじめに

ユズが日本に伝播されたのは飛鳥時代から奈良時代の頃といわれています。私たち日本人は実に一、三〇〇年以上もの間、ユズを守り、愛し、今日まで伝えてきたのです。タチバナ、ユズ、ダイダイが現在に引き継がれてきた古代の三大和柑橘といえましょう。ユズの原産地といわれる中国には今日ユズの産地を見出すことができません。現在ユズの生産がなされているのは日本の本州以南と韓国の南部海岸地帯に限られています。カンキツ類の中ではユズは強い耐寒性をもっています。適度な寒冷気候と温暖気候が交錯する気候風土がユズの生育に適しているのでしょう。

最近、ユズは国内のみならず、世界的にも関心が寄せられつつあります。これは、ユズの栽培がアジアの中でもわずか二か国に限定された地理的特殊性だけの理由ではありません。ユズが他の種類のカンキツではみられない独特の強い香りを有するという特性によるところが大きいのです。ユズほど個性的な香りを有するカンキツ類は他に多くありません。国際学会などで海外のフレーバー関係者に、種々の和柑橘の精油の匂いの印象を聞いてきましたが、彼らがもっとも強い関心を示すのがいつもユズ精油でした。ユズの香りというのは、欧米人にとっては経験したことのない異色のオリエンタルな匂いの印象をもつのかもしれません。一方、日本は他国ではみられないユズの利用がなされてきました。まずはユズの形と色を愛で、次に酸果汁を利用し、最後に香りで楽しませてくれる見事な和食文化を築きあげたのです。これまで多くの種類のカンキツに接する中で、ユズはひときわ輝きを放つカンキツであることを確信しました。千年以上も日本人に賞用されてきたユズの魅力に少しでも近づいてみたいと思います。現代社会でつい忘れがちになる日本のもっているものの良さを、ユズを通して、今一度振り返る機会になれば幸いです。

一章　カンキツのルーツ

一、カンキツの誕生

カンキツ類がこの地球上に誕生したのは、今から二、三千万年前、インドアッサム周辺とされています。アッサムは、世界最高峰のエベレスト山がそびえるヒマラヤ山脈の麓、南にバングラデシュ、北にブータン、ネパール、中国と近接しています。

地球の歴史を振り返りますと、私たちの地球は四六億年前に誕生しました。三〇億年前から藍藻類が出現し光合成を開始しています。数億年前には巨大恐龍や陸上植物が出現しました。五、五〇〇万年前から被子植物が出現し、地球上の生物の種が次第に増加していきます。地殻変動ではアジア大陸からオーストラリア大陸が切り離されるのがほぼ三、〇〇〇万年前といわれています。オーストラリア大陸には、カンキツ属よりも古く、カンキツ属に近縁のミクロシトラス属やエレモシトラス属の存在が確認されていますが、カンキツ属はまったく発見されていません。このようなことから、カンキツ類が発生したのは二、〇〇〇万年から三、〇〇〇万年前と推定されています。

カンキツ属の植物学上の分類は、フウロソウ目、ミカン科、ミカン亜科の下に分類されています（岩政、一九七六）。ミカン亜科の中には八属存在します。この中に、シトロプシス（*Citropsis*）属植物（図1）が、太古の昔からほとんどその姿を変えることなく現存するカンキツの先祖として、今日、インド、東南アジアには存在せず、アフリカ中央部のコンゴ、ウガンダ、モザンビークのみに存在しています。シトロプシス属はカンキツ属を生んだ後、熱帯アフリカ密林に隔離して形質をほとんど変えることなく今日に生き延びてきたとされています。ミカン亜科の中で、カンキツ属と交雑親和性を示す血縁関係のきわめて近いものがカラタチ属、キンカン属、エレモシトラス属、ミクロシトラス属であります。

図1　現存するカンキツの祖先
シトロプシス
アフリカ中央部に現存しています。

カンキツ類は他の植物ではみられないたいへんユニークな独自の繁殖法をもっています。珠心胚というカンキツ特有の胚により、無性生殖を無限に繰り返すことができるの

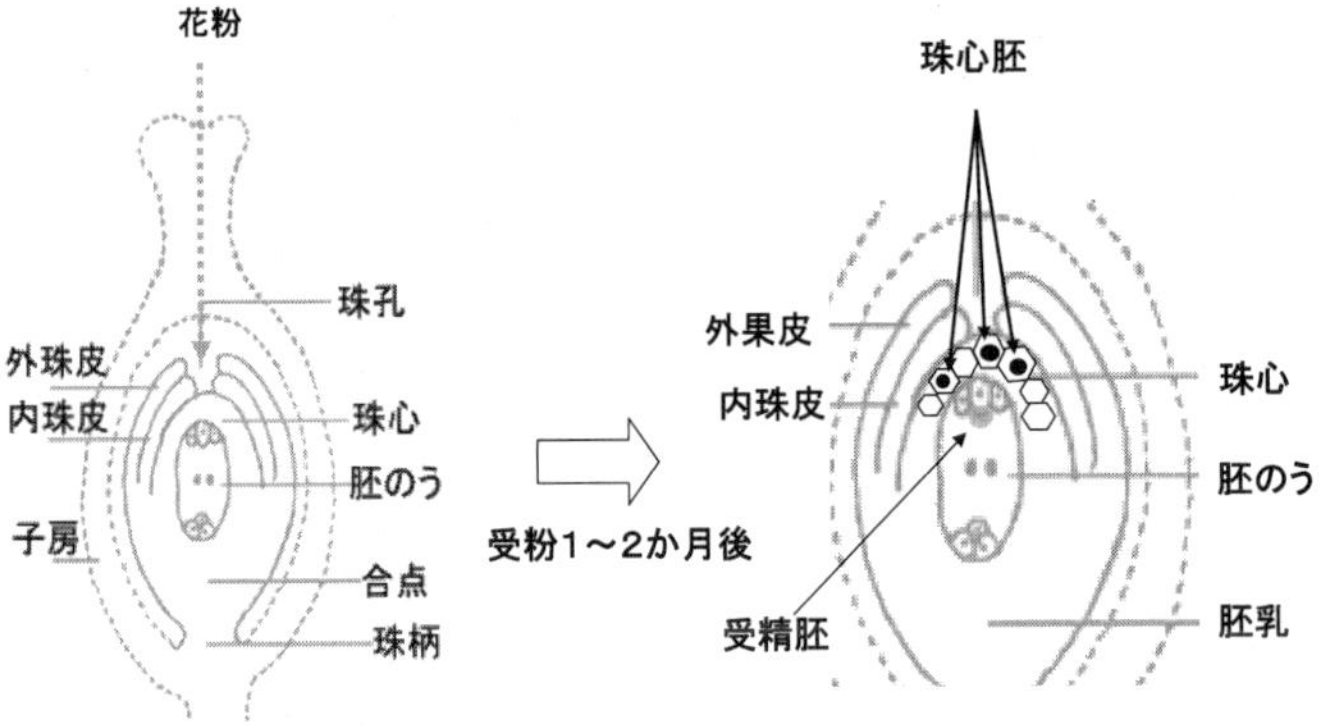

図2　カンキツ類特有の繁殖方法
受精後1～2か月後、受精胚に代わって無性の珠心胚が成長し果実を作ります。

です。この特性によりカンキツ類はアッサムの熱帯樹林でひっそりと親と同じ種を保ち続けてきたのです。珠心胚についてもう少しくわしく説明しましょう。図2のように、カンキツ類の繁殖もまずは他の植物と同じように、めしべにおしべの受粉から始まります。その受精胚が成長をしますが、一、二か月経った頃から、カンキツ類は他の植物とは異なる道を歩みだすのです。受精胚の成長が止まると同時に胚珠にある無性の珠心胚が受精胚に代わって成長を始めます。やがてこれが種子になり、その種子から生まれた植物は親とまったく同じ植物が再現されるのです。いうなれば、カンキツ類は自分自身でクローン生成能力を有して、親と同一の世代交代を無限に繰り返してきたわけです。このようなカンキツ類は一つの種子に胚が二つ以上存在するので「多胚性品種」とよんでいます。スイートオレンジ、ダイダイ、ユズ、ライム、レモンなどカンキツ類の主なものはすべて多胚性品種です。

カンキツ類の中には受精胚がそのまま成長し、種子となる種類も出現してきました。そこには胚が一つしかありませんので、このようなカンキツを「単胚性品種」とよんでいます。果樹類は一般にヘテロ（雑種性）といわれ、親植物とはまったく違った遺伝子組成となり、実生からは親と同じものが出現する確率はきわめて低くなります。カキ、クリ、リンゴ、モモなどからは、その種子から親と同じものが生まれてくることはまずありません。カンキツ類で単胚性の代表的な品種がブンタンです。ブンタン類は単胚性だからこそ、きわめて多くの雑種を作ることができます。たとえば、グレープフルーツはブンタンとスイートオレンジの雑種といわれています。

このようにカンキツ類には多胚性と単胚性の二つの繁殖法があります。自然界ではさらに突然変異が加わります。三、〇〇〇万年前に生まれたカンキツ類は、自然交雑や突然変異を受けながら、二次的分化を遂げ、次々と新しい品種がこれまでに生出されてきました。そのほとんどは自然淘汰され、生命力のあるものが今日生き残っている品種ということになります。

二、カンキツの移動

インドアッサムからきわめてゆっくりと長い時間をかけて移動をし、突然変異をうけながら、各地で多くの品種のカンキツが生み出されました。ライム、レモンはインドで発生しており、カンキツの歴史上、初期に誕生したものと考えられています。マレーシアに移動したカンキツはマレー半島の中央部にあるイポーでブンタンを生みました。マレーシアはスズの製品が有名ですが、イポーは国内第一のスズの産出州ですし、中国人の移住者の多い州でも知られています。奇妙な形をした岩山が多く、その山間で今日でもブンタンが栽培され、マレーシア第一の主産地となっています。ここで発生したブンタンは一キログラム／個以上の大果系であり、タイ、カンボジア、ベトナム、インドネシア、中国など東南アジア全域でこの大きなブンタンが主流となっています。中国暦の中秋節には欠かせない供物となっています。東南アジアで好まれているブンタンは、香りはブンタン特有の香りはしますが、酸味がほとんどなく、甘味が浮き出た味です。日本の代表的なブンタンである土佐ブンタンのように、適度な甘酸味のバランスのとれた味は東南アジアの人々には一般に敬遠され、酸味のパンチの少ないカンキツ味が好まれるようです。

中国に移動したカンキツは様々な種、品種を生み出しています。代表的なものは、オレンジ、マンダリンです。オレンジは今日、ブラジル、米国、スペイン、イタリアなどが主要産地となっていますが原産は中国です。オレンジの学名は *Citrus sinensis* ですが、*sinensis*（シネンシス）から類推できるように、シナ＝支那で、中国を意味するものです。マンダリンは私たち日本人が一般にミカンといっているように、温州ミカンもマンダリンの仲間です。マンダリンはインド野生ミカンが原生種とされ、ヒマラヤを越えたチベット山岳地帯で広がり、やがてそれからイーチャンジェンシス（*Citrus ichangensis*）というカンキツ属の中の一つの種が生まれました。そして分類学者のスイングルはその雑種としてユズが発生したと考えています。ユズの原産地は長江の上流とされています。ちなみに、日本では「柚」はユズですが、中国語では「柚」は、私たちが考えるユズではなく、丸くて大きなブンタンの意味となります。ミカンの発生は、中国南部の広東省周辺とされています。このあたりは、今日でも糖度の高い四会砂糖桔（*Citrus reticulata* Blanco var. *Shatang*）や温州柑などの主産地となっています。

このようにカンキツ類は発生初期の頃は、インド、東南アジア、中国で長い時間を過ごし、この間に現在の主要な原生種が生み出されたものと思います。このような原生地から、中近東や地中海沿岸諸国への伝播が活発に行われだしたのは、紀元前後あたりからだと思われます。シルクロードを通じ、また十字軍の東方遠征、そして航海術が発展した中世にはバスコ・ダ・ガマのインド航路の発見、マゼランの世界一周などで、東西の交流が活発になるとともに、カンキツ類も急速に広がっていきました。コロンブスのアメリカ大陸発見後は、西インド諸島にスイートオレンジ、ダイダイ、ブンタン、マンダリンなどがもたらされました。グレープフルーツはこのときスイートオレンジとブンタンの自然交雑によって発生したといわれています。こうして、カンキツ類はここ二、〇〇〇年の間に一挙に世界中に広まったのです。

三、カンキツの分類

カンキツ類は、突然変異や自然交雑によりきわめて種類が多く複雑です。今やカンキツ類は、熱帯から温帯地域にかけて地球全体に分布しており、一万種類以上、存在するといわれています。このように複雑なカンキツ類について、スイングルおよび田中長三郎がそれぞれ分類法を確立しました。現在、この二つの分類法がもっとも集約された分類法として知られています。表1に示すように、スイングルは純正種で分類し、わずか一六種に集約しました（岩政、一九七六）。一方、田中は園芸種も独立した種と考え、一五九種に分類しました。両者の分類法を並べてみますと、分類の種の数には違いがあ

表1　カンキツ類の分類

スイングルの分類	田中の分類		
	区・亜区・類・亜類・品種	(種の数)	種・品種
パペダ亜属	初生柑橘亜属		
真正パペダ区	I　パペダ区		
ビアソング	1　鋭頭葉亜区	(6)	①メラネシアンパペダ
C. micrantha			②セレベスパペダ
セレベスパペダ			③ビアソング
C. celebica			
メラネシアンパペダ	2　鈍頭葉亜区	(3)	⑦プルット
C. macroptera			
プルット	3　長翼葉亜区	(3)	⑧ラティペス
C. hystrix			
パペダ柑橘区			
イーチャンジェンシス	(イーチャンジェンシスは後生柑橘亜属のユズ区に含める)		
C. ichangensis			
ラティペス			
C. latipes			
真正柑橘亜属	II　ライム区		
ライム	4　真正ライム亜区	(4)	⑬ライム⑭タヒチライム⑮スイートライム⑯マウンテンライム
C. aurantifolia	5　大果ライム亜区	(12)	⑰ベルガモット
	6　擬パペダ亜区	(2)	㉙ビロロ

シトロン	III　シトロン区		
C. medica	7　シトロン亜区	(5)	㉛シトロン㉜丸仏手柑
レモン *C. limon*	8　レモン亜区	(7)	㊱レモン㊲ヒメレモン㊳スイートレモン㊴ラフレモン㊵マイヤーレモン㊶アッサムレモン㊷ヒルレモン
	9　大果中間亜区	(13)	㊸アダムレモン㊹ポンデローサ㊺バロチンベルガモット㊽ルミー
	IV　ザボン区		
ブンタン *C. grandis*	10　ザボン亜区	(6)	㊽ブンタン，安政柑，晩王柑，谷川ブンタン㊾海紅柑㊿ウゾンクネブ59ジャガタラユ60スイザボン
グレープフルーツ *C. paradise*	11　ザボン中間亜区・黄果類	(9)	62グレープフルーツ63絹皮64赤黄柑65広島夏ザボン66光春67大身甘橙68宇和ポメロ69土佐旭70前田柑
	12　ザボン中間亜区・橙果類	(6)	71山ミカン72旭柑73虎頭柑74ハッサク75岩井柑76テング
	V　ダイダイ区		
	13　中果中間亜区	(16)	77ナルト78夏ミカン79金柑子80オオタチバナ81ヒョウカン83山吹84三宝柑85姫橘86シレンボー87南庄橙89アタニー
サワーオレンジ *C. aurantium*	14　アマダイダイ近似亜区・房成類	(6)	93ダイダイ，サワーオレンジ94マートルリーフオレンジ95六月ミカン96ユークニブ98サツマキコク
	15　アマダイダイ近似亜区・孤立類	(1)	99キクダイダイ
スイートオレンジ *C. sinensis*	16　アマダイダイ近似亜区	(7)	100スイートオレンジ101大唐ミカン102舟床103タンカン104テンプル105イヨ106椿円柑
	17　ユズ接近亜区・軟果類	(3)	107日向夏108宇樹橘

	[18] ユズ接近亜区・硬果類	(1)	⑩川畑
	[19] ユズ接近亜区・擬九年母類	(1)	⑪春光柑
	後生柑橘亜属		
	VI ユズ区		
(イーチャンジェンシスはパペダ亜属に含め、ユズはその雑種とみなす)	[20] 原始ユズ亜区	(1)	⑫イーチャンジェンシス
	[21] 真正ユズ亜区	(9)	⑬ユズ⑭ハナユ⑮スダチ⑯モチユ⑰ユコウ⑱直七⑲変化ミカン⑳イーチャンレモン㉑カボス
	[22] 擬ミカン亜区	(1)	㉒コウライタチバナ
	VII ミカン区		
マンダリン(ミカン) *C. reticulata*	[23] 真正ミカン亜区	(3)	㉓九年母㉔温州ミカン㉕八代
	[24] コミカン亜区・芳香類	(4)	㉖ケラジ，カーブチー㉗オートー㉘タロガヨ
	[25] コミカン亜区・柑香類・大果亜類	(13)	㉚ポンカン㉛地中海マンダリン㉜ゲンショウカン㉝大紅ミカン，ダンシータンゼリン㉞クレメンティン㉟紅コウジ㊱地ミカン㊲瓶橘㊳ラドー㊵シカイカン㊶槾橘
タチバナ *C. tachibana* インド野生ミカン *C. indica*	[26] コミカン亜区・柑香類・小果亜類・狭葉品類	(10)	㊸タチバナ㊹小紅ミカン㊺紀州ミカン㊻ポンキ㊼ユヒキツ㊽スンキ㊾クレオパトラ㊿ギリミカン(152)インド野生ミカン
	[27] コミカン亜区・柑香類・小果亜類・広葉品類	(6)	(153)シイクワシャー(154)コウジ(155)フクレミカン
	VIII トウキンカン区		
	[28]	(1)	(159)四季橘

りますが、ほとんどのカンキツはほぼ同じ位置に配置されています。両者の大きな違いは、ユズに対する考え方です。スイングルは、ユズはパペダ亜属の中のイーチャンジェンシスの雑種とみなしています。一方、田中はユズに独立した種を与えています。分類上の位置も田中はマンダリンに近い位置においています。これは、寛皮ミカン、いわゆる皮の剥きやすいカンキツは近似種と考えたためです。ご承知のように、温州ミカンは容易に皮をむくことができますし、ユズも同様に皮の剥きやすいカンキツです。スイングルもミカンおよびユズがインド野生ミカンを祖としていることから、寛皮ミカンのルーツとしての見解は田中と一致しています。

四、日本への伝播

(一)　カンキツ全般

カンキツ類のわが国への初期の伝播経路はおそらく、東南アジア諸国から海道を通じてもたらされたものと思われます（表2）。日本でもっとも古く唯一の野生種とされているタチバナ（橘）があります。スイングルのカンキツ属の分類表においてもタチバナは一つの独立した種として世界的にも確固たる地位を得ています。学名は *Citrus tachibana* です。タチバナは酸味が強く食用には不向きですが、いつまでも変わらず永

表2　わが国におけるカンキツ類の来歴

時　代	西　暦	渡来品種または自然発生品種
		タチバナ（野生）（魏志倭人伝）
	100	
原		
	200	ダイダイ
	300	小ミカン
始	400	
	500	
飛　鳥		
	600	
白　鳳		
	700	ユズ（続日本紀）、カラタチ
奈　良		大柚子
	800	シトロン
平		柚子
	900	
		駿河ユコウ
	1000	
安	1100	
鎌	1200	
		丸キンカン
倉	1300	
室	1400	
町	1500	クネンボ、大紅ミカン、小紅ミカン、花柚、ブンタン、スイートオレンジ、温州ミカン、江上ブンタン、本田
安土・桃山	1600	ブンタン
		長キンカン、仏手カン、無核紀州、夏ミカン、鳴門、
江	1700	絹川、三宝カン、菊ダイダイ、キズ、スダチ、カボス、八代
戸	1800	寧波キンカン、ジャガタラユ、日向夏、平戸ブンタン、ハッサク
現	1900	オレンジ、レモン、ポンカン、伊予カン、早生温州、タンゼロ、タンゴール、甘夏
代	2000	その他突然変異種、人為的品種

遠（とわ）につながる常緑ということと樹形が美しいことから、古代日本において縁起物として扱われてきました。「右近の橘、左近の桜」と称されるように神社の拝殿前には神木として植えられています。タチバナは家紋としてもひろく使われています。ダイダイ（代々、橙）は二、三世紀頃、早くから日本にあるカンキツです。

ダイダイも、家が代々繁栄する縁起物として正月の注連飾りに欠かせないものです。カンキツは常緑であると同時に成熟した果実は色鮮やかな黄色～黄金色に色付き、また薬用としても使われることから、家系繁栄、金運、幸福・無病息災の象徴として考えられているのではないでしょうか。ベトナムではテト（正月）に家庭や官公庁、会社の玄関前に黄色の果実が鈴なりになったキンカン（金柑）の鉢植えを飾る習慣になっています。また先祖や神仏のお供え物として東南アジアの国々ではブンタンが添えられます。このようにカンキツにこめる願いの心はアジア人、そして日本人にとっても共通しているものがあるように思います。

紀州ミカンとして知られるコミカン（小蜜柑）の由来ははっきりしませんが、ダイダイとほぼ同じ時期に伝播もしくはわが国で発生したのではないかとされています。コミカンは剥皮しやすく甘いミカンとしてその昔、人々に好んで食べられていたようです。

今日、広く知られているスイートオレンジ、温州ミカン、ブンタン、スダチ、カボスなどのカンキツ類の多くは室町時代以降導入され、また導入されたものから日本で偶発実生として出現しています。航海技術の飛躍的な進歩を時代背景として、南蛮貿易、朝鮮、中国との交易が活発に行われた結果、多くの種類のカンキツ類が日本にもたらされました。一九世紀から二〇世紀にかけては、人工交配技術によって新品種が続々と出現してきました。

(二) ユズの来歴

ユズが日本の歴史で初めて登場するのは、「続日本紀」に、「戊辰、往々京師に隕石あり。其の大きさ柚子の如し」という記述のあることから、奈良時代前後と考えられています。今から約一、三〇〇年前のことです。おそらく、遣隋使、遣唐使による大陸との交流の中で日本にもたらされたのではないかと推測されます。「桃栗三年、柿八年、柚子の大ばか十八年」と言われるように、種子から実をつけるまで、ユズでは一八年もかかることからこのような文言がいわれるようになったのです。前にも述べたように、一般に果樹は遺伝的にヘテロであり、その果実の種子からは親と同じものは出現しません。しかし、カンキツの多くは無性の珠心胚が成長する特性をもっています。ユズの場合も種子から始まって親と同じ長い成長周期を繰り返したあと、果実を実らすことができます。このようにして結実したユズ果実を実生柚子（みしょうゆず）とよびます。したがって、ユズは種子で日本に持ち込まれてもまったく問題なく成長を遂げることができることを考えますと、種子により伝播したものと思われます。

京都北区の水尾は古より柚子の里として知られています（口絵2）。水尾には第五六代清和天皇（八五八年～八七六年）の御陵があります。清和天皇は水尾をこよなく愛し、在位中もよく水尾を訪れています。このことから水尾帝（みずのおのみかど）とも称されています。おそらくこの時代、中国、朝鮮からの公使たちや帰国留学生が最初に向かうところが京都であり、ユズの生育に環境の適した水尾の地で初めてユズが栽培されたと考えても不思議なことではないと思います。公家を中心に賞用されたユズは、一二世紀末頃、平家の落人によって、四国や中国、九州、北陸などの地方の山間部に運ばれて、しだいに日本全国に広まっていったのではないかと考えられます。

このようにユズはタチバナ、ダイダイと同様に、日本人に千年以上も昔から親しまれてきたカンキツです。とりわけ柚子は世界的にみても他のカンキツに比べてきわめて個性的でインパクトの強い香りを有しており、今や、日本国内のみならず、世界的にも注目を集めつつあります。

北原白秋は、詩集「思ひ出」の中の「母」の一節で、

母の乳は枇杷より温く　柚子より甘し

と母の乳から柚子を連想しています。乳房はその形状を枇杷にたとえており、体の温もりで生温かい。そして淡い黄色みを帯びた乳白色の母乳はまさしくユズのしぼり汁のごとくであり、その味はユズよりも甘い。ここで白秋が母乳と柚子を重ね合わせたのは、柚子が幼少時代より身近なものとしてあったのだと思います。そしてまた白秋の母への想いが、母の愛情の温かさと母への少年時代の甘えが、望郷の地で柚子の匂いを通してよみがえったのでしょう。柚子が日本人の心のふるさとであることを言い表した一節ではないでしょうか。

正岡子規は、黄金色のユズから、次の一句を残しています。

古家や累々として柚子黄なり　　子規

晩秋に黄色く熟す柚子は、古来より日本の秋冬の風物でもあり、その美しい果形と高貴な香りやさわやかな酸味で、和食や和菓子の風味を一段と高めてきました。そこに秘められた匠の技が伝統文化となって今日まで脈々と伝えられてきているユズの情趣がこの一句に凝縮されているのではないでしょうか。

(三)　ユズの名称

カンキツ類は地方によって異なる名称を有するものが多くあります。ユズの学名は *Citrus junos* Sieb. ex Tanaka です。ユズに対する名称は、柚子（ユズ）、柚（ユ、ユズ）、由（ユウ）、柚之酸（ユノス）、柚之酢（ユノス）、本柚（ホンユ）など多くの別名があります。古くはユノス「柚之酸」と呼ばれていたことから、今でも、地方に行けば、ユノスという人も多いようです。学名の"*junos*"も古名ユノスに由来すると思われます。

二章　ユズの生産

一、産地

日本のユズは青森県以南の各地で栽培されています。ユズ、スダチ、カボス、ダイダイ、ユコウなどの香酸カンキツの生産量の推移をみますと（図3）、今から四〇年ほど前の一九六六年は、全国的に知られたユズでさえ、一、〇〇〇トン足らずであり、その他のカンキツはその地域内だけで消費する程度の生産量であったようです。その後、日本の経済成長と共に、ユズ、スダチ、カボスの生産量が急激に増大していきました。日本全国のユズの栽培面積は平成一七年度で一、八七二ヘクタール、生産量は約一五、〇〇〇トンとなっています。ここ数年のユズへの関心の高まりから、栽培面積および生産量とも今後飛躍的な増加が見込まれています。ユズの主産地をみますと、図4で示すように、生産量全国第一位は高知県で全体の約五割近くを占めています。次いで、徳島県、愛媛県と続いており、四国で全体の約三／四が生産されています。九州では宮崎県、大分県、鹿児島県で多く、全体の約一五％程度となっています。この統計が示すように、

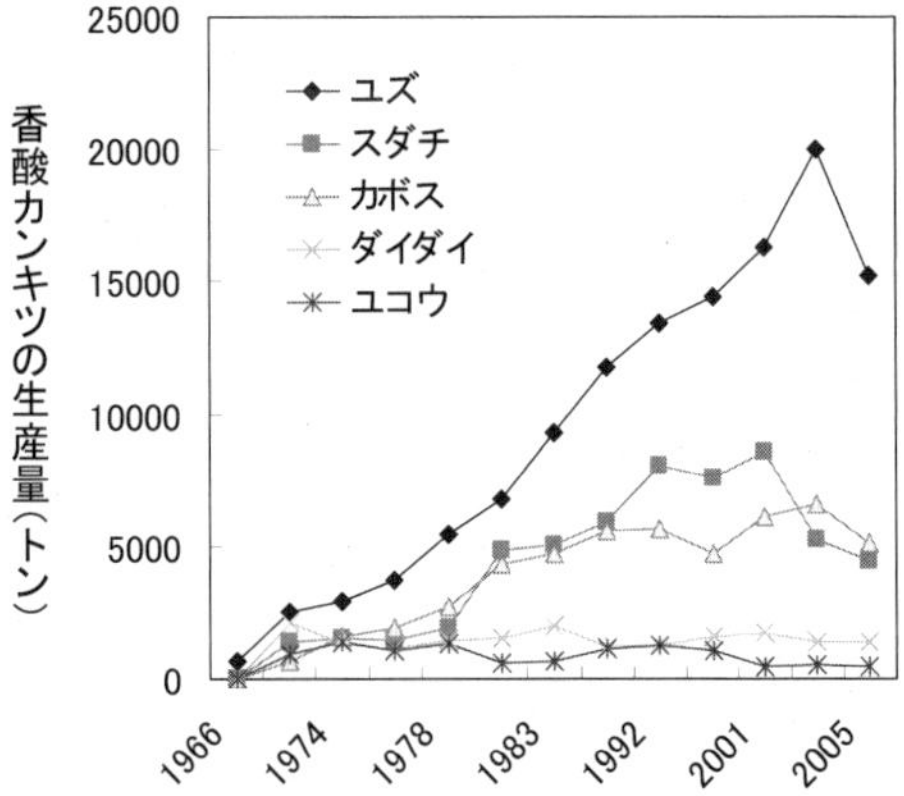

図３　日本の主な香酸カンキツ類の生産量の推移
ユズは生産量の伸びが大きい。2004年度に低下したのは裏年の影響が大きいといわれています。

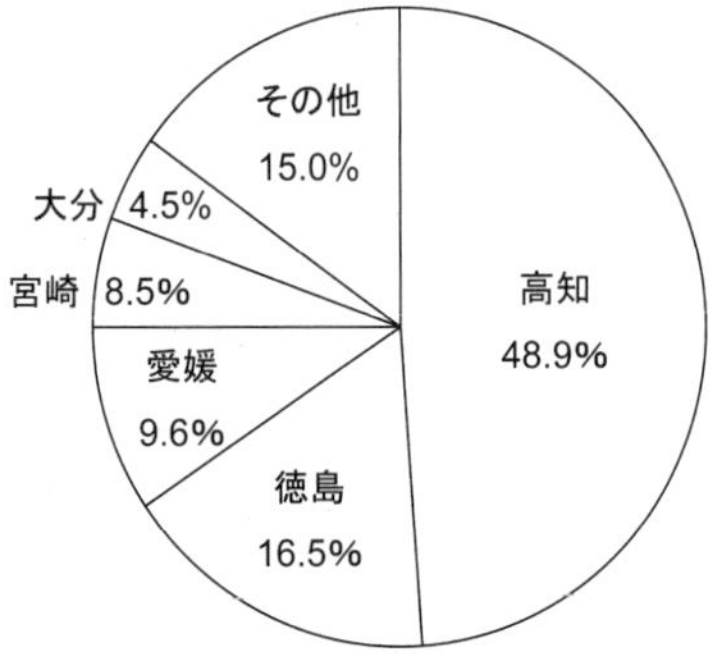

図４　全国のユズ生産割合
高知県が日本のユズ生産量の1/2近くを、四国全体では3/4を占めています。

高知、徳島、愛媛にまたがる四国山地がユズやスダチなど香酸カンキツの主要産地となっています。

ユズが四国にもたらされたのは、おそらく平家の落人によるものであり、京の都より落ち延びていくときにユズ種子を携えていき、移り住んだ奥深い四国山地の村落からユズが広がっていったのではないかと想像します。平家の落人は中国山地、九州山地、中部山地、東北地方へと全国に同じように散らばって行きました。その中で四国山地の山間地がおそらくユズの生育にとって、年間の降雨量、気温、日照時間など様々な自然条件がユズに適した土地であったため、今日の産地が形成されたのだと思います。

二、主産地高知のユズ産地散策

高知県の第一の主産地は安芸地域であり、県内生産量の約五〇％（四、〇〇〇トン）に達します。北川村も農業協同組合の組織の上では同じＪＡ安芸管内の一支所です。生果出荷と果汁の搾汁を行っています。大手の食酢メーカーや香料会社と提携し、高知のユズとしての原料果汁の大供給地であり、また、食品香料としてのユズ精油の製造も行っています。

物部村は高知市から東へ約一時間半の山村であり、高知県の第二のユズ産地です。この地域では、生果出荷を主体としています。高知県園芸連合会は、生果に対して厳しい格付けの等級基準を定め、各農家はその基準に従ってユズ果実を選別・箱詰めしています。カンキツの病害ウイルスに、カンキツトリステザウイルスがあります。カンキツの種類により耐性が異なるが、とくにユズはこのウイルスに感染しやすいカンキツです。このウイルスに侵されると、樹勢が弱められたり、果実の生理障害として果皮表面に、ヒトの皮膚の傷が治り初めのときにできるかさぶたのような小さい斑点が生じるコハン症を生じやすい性質があります。最高級の「A」品として格付けされるのは、直径五ミリメートル程度の斑点が果実の表側（果実のへそ側）には皆無で、裏側（果実のへた側）に二か所以内で、かつ果形が正常なものとなっています。斑点が表側に二か所以内、裏側に三か所以内ですと「B」品へと一等級格下げとなり、表側および裏側に四か所以上の斑点があると、果汁用、漬物用、冬至用となり、市場価格も安くなります。ユズが他の香酸カンキツとは異なり、日本料理の器としての役割があるからこそ、ユズ果実に芸術品ともいえる外観の品格が求められているのです。このようなユズの生果出荷を目指す産地の農家は、栽培・収穫・取り扱い方法にとりわけ神経を使っています。ユズの木には鋭いトゲがあり、皮の手袋をして、一個一個手にとって果実にキズをつけないように収穫していきます。

北川村は古くは「柚子の里」として全国に名を馳せていました。高知市から東へ室戸岬の方向に国道を車で約二時間の中山間地です。この村には幕末の志士、坂本竜馬の無二の親友であり、京都の近江屋で共に暗殺された中岡慎太郎の生家があります。屋敷の周りは実生の柚子の木で囲まれています。現在、北川村には実生のユズが村内に約五、〇〇〇本自生しており、中には樹齢百年以上のユズも存在し、今でも毎年実をつけています。一地域にこれだけ多くの実生のユズが残っているところは全国的にもきわめて珍しいといえましょう（口絵3）。近年、ユズの需要の増大と共に、全国的にユズの栽培面積が飛躍的に増えてきました。全国のほとんどの農家は実生ユズを伐採し、接木柚子に転換していきました。接木ユズは植え付け後三年程度で果実の収穫が可能で、実がなるまでに一八年かかる実生ユズに比べればはるかに早く収穫物が得られますので、商業生産していく上ではやむを得ないことであります。それだけに、今日の北川村の実生ユズの群落はたいへん希少価値があるものと思われます。北川村も中山間地で人口減、高齢化といういずこも同じ問題に直面しており、この地域の実生ユズの多くは、手入れ、収穫に手が回らず、無農薬、無肥料の自然栽培です。今日の食品の安心・安全に敏感な消費者志向を考えれば、実生ユズ群落は村の財産として守り、今後村の活性化につなげる貴重な資源ともなるだろうと北川村に提言してきました。果樹はいったん伐採すると、

写真１　馬路村に入るとアットホームなキャラクターが出迎えてくれます

復帰するには数十年はかかります。今後の村の取り組みに期待したいと思います。

馬路村は「村おこし」のもっとも成功した事例の村として注目されています。馬路村農業協同組合の商品として「ポン酢　ゆずの村」やユズはちみつドリンクの「ごっくん馬路村」は全国的に有名です。最近は「スーパーごっくん」という新商品も出しており、商品のネーミングやキャラクターはたいへんユニークなことで全国にファンが多いようです(写真1)。馬路村は北川村に隣接する人口わずか一、〇〇〇人余りの山村です。このあたりは年間降雨量三、〇〇〇ミリメートルの多雨地帯であることから、樹齢何百年という魚梁瀬杉（やなせすぎ）の美林が残されています。明治、大正、昭和と続いた馬路村の森林業は、昭和四〇年前後を境に衰退傾向をたどるのです。このとき村の方針をユズに大転換しそれが見事に成功しました。成功の秘訣は、青果出荷が主流であったユズ産業界において、馬路村は青果出荷をせず、ユズの加工品のみの経営方針をとりました。加工品とするため、ユズ原料はキズや外観を気にせずに栽培できることから省力化につながり、中高年齢者が主となる営農対策としては時宜を得た方針であります。また、加工品とすることで青果販売よりもはるかに大きな付加価値を生み出し、それが村に経済的潤いをもたらしてきたのです。村おこしの例として、教育出版社の中学社会の教科書にも馬路の成功事例が掲載されるほど有名であります。二〇〇六年三月に、地元の魚梁瀬杉をふんだんに使った立派な「ゆずの森加工場」が完成しました。この館には、年間一万人以上の全国からの訪問者があります。このような小さな山奥の村でありながら、多くの若者が働いている光景を目の当たりに見ると、元気な馬路村の姿をすべての訪問者が感じとれるのではないでしょうか。

三、ユズの食品化学的特徴

ユズ、スダチ、カボス、ダイダイの果汁は柑橘酢として利用されており、このようなカンキツを酸用カンキツまたは香酸カンキツと呼んでいます。日本には香酸カンキツの種類が多く、上記のカンキツの他、ユコウ、キズ（木酢）、オオユ（大柚）、トコス（常酢）、ナオシチ（直七）、スミカン／モチユ、ナガトユズキチ（長門柚子吉）など、西日本各地の地元で賞味されてきました。これはその土地の郷土料理に合わせて郷土の香酸カンキツが今日まで使われてきたものと思われます。レモン、ライムに集約される海外の香酸カンキツに比べて、日本でこれほど多種の香酸カンキツが食材ごとに使い分けられてきたのは、日本人の繊細な食味感覚と関係が深いのではないかと思います。ユズには他の香酸カンキツとは異なるいくつかの特徴があります。

（一）青玉と黄玉

カボスやスダチなどの香酸カンキツ類の多くは、果皮の色が緑色であることが大事であり、未熟果であるいわゆる青玉としての商品的価値がもっとも高いのです。黄色味がかかってくると商品価格は急激に低下します。したがって、カボスやスダチは色付きが始まる一、二か月前の七～九月に収穫されます。収穫後の貯蔵技術もいかに緑色保持を行うかが、最大のポイントとなり、各産地では独自の鮮度保持技術の開発が行われています。一方、ユズは完全に黄色く色付く成熟期の一一月が収穫最盛期です。この頃のユズは成熟果ですので香りも味も一段と円熟してきます。黄金色に熟したユズは見た目も美しく、柚子釜（ゆずがま）などのように果肉をくりぬいてその中にお酢物などを入れて、果実を容器としても利用し、日本料理の美にも一役買っています。もちろん、ユズは黄玉のみでなく、九月頃収穫する青玉としてもカボスやスダチに劣らない市場価値はもっています。青玉でもすでにユズ本来の香りはあり、一部は青玉としても出荷されています。したがって、ユズは青玉、黄玉いずれも高い市場価値をもっていることが、他の香酸カンキツとの大きな違いです。

(二)　成熟期のユズ

一般に果実類は、未熟のときは、果皮は緑色であり、成熟が進むにつれて着色します。それと同時に、果汁の酸っぱさ（酸度）は減少し、甘み（糖度）が増してきます。カンキツ類もまったく同様の過程をたどります。香酸カンキツの多くもその例にもれず、成熟期の一〇～一一月には温州ミカンのようにそのまま食べられるほど、酸っぱさが低下すると同時に、糖度が上がり、カンキツ酢としての価値が著しく低下します。そのために、スダチやカボスでは酸度のみが高い未熟期の緑色果実のときに収穫し商品出荷されるのです。一方、ユズは成熟して黄色果となっても酸度（四〜五％）はほとんど減少せず、糖度（約二・三％）も増えません。このような食味の点からもユズは成熟しても香酸カンキツとしての役割を維持しており、黄玉として重宝されるゆえんであります。成熟期の果実は生物学的にもまた食品化学的にももっとも充実しており最高の品質を有しています。この成熟期に利用できることがユズの最大の特徴です。成熟期に至っても酸度が高く、糖度が低いという香酸カンキツとしての要件を満たしているのはレモンとライムであります。このことからユズはレモン、ライムとも肩を並べられる日本の代表的香酸カンキツといえましょう。

(三)　果汁

果汁の搾汁率はユズで約二〇％です。スダチで二六％、ダイダイで二七％と、ユズは香酸カンキツの中では、果汁量は少ないことが特徴です。

ユズ果汁に含まれる主な酸はクエン酸とリンゴ酸、フマール酸で、それぞれ約五％、〇・六％、〇・八％です。その他、微量ながら、乳酸、酢酸、蟻酸、ピルビン酸、トランス-アコニット酸が含まれています。このような酸はその分子式に炭素原子を含んでいるため有機酸とよばれています。ちなみに塩酸、硫酸、燐酸はその分子式に炭素原子を含まないので、無機酸といいます。クエン酸とリンゴ酸はカンキツ果汁に共通して含まれる主要な有機酸です。これらの酸味はたいへんさわやかであり、後味のよいさっぱりとした味をもっており、カンキツ果汁が好まれて飲用される理由になっています。また、このような有機酸は、私たちの体の中で、エネルギーを生み出す代謝回路であるクエン酸回路上の酸ですので、すみやかに代謝されて疲労回復にも効果があります。

果汁製造関係者は果汁の品質指標として糖酸比（糖度／酸度）を重視します。糖酸比が高いほど、甘い果汁です。たとえば温州ミカンのように糖度一〇％、酸度一％含んでいるとしますと、糖酸比は一二となります。しかし糖酸比の概念は温州ミカンやオレンジなど果汁をストレートで飲める甘い果汁を念頭においた指標です。一方、香酸カンキツの場合はまったく逆で、酸っぱさが求められます。糖酸比で計算しますと香酸カンキツでは小数点以下となり、実用上不便です。このことから私は香酸カンキツの場合には、糖酸比の逆数の酸糖比を品質指標として提案しています。ユズでは酸糖比が約二・四となります。感覚的な理解として、温州ミカンの酸糖比は〇・一ですので、ユズは約二四倍酸っぱいということになります。他のカンキツのおおよその酸糖比は、スダチで二・

二、カボスで一・五、ダイダイで一・四、ユコウで一・三ということになります。

ビタミン類ではビタミンCが約四〇～五〇ミリグラム／果汁一〇〇グラム含まれています。成人の一日のビタミンC必要量が五〇ミリグラムといわれていますので、ユズをはじめカンキツ類はビタミンCの重要な供給源です。そのほか、微量ながら、ビタミンB_1、B_2、ナイアシンが含まれています。アミノ酸類ではもっとも多いのがアスパラギン酸で〇・一％、その他のアミノ酸は〇・一％以下で、その中で比較的多いアミノ酸がプロリン、グルタミン酸などです。

(四)　種子

ユズにはきわめて多くの種子が存在します。果実一個あたり平均三〇～三五個の種子が存在します。他の香酸カンキツでは、スダチには〇・九個、カボスには二〇個、ダイダイには四一個と含まれています。温州ミカンには〇・〇三個と果実一〇〇個に三個見つかるかどうかです。種子の少ないユズの選抜も行われています。無核ユズにはほとんど種子がありません。ユズ種子の有効利用は今後に残された課題です。

四、ユズと無核ユズ

無核ユズ、いわゆる種なしユズの発生地はどこか明らかではありません。明治時代中頃、山口県で発見され、選抜されたといわれています。無核ユズはユズに類似したフレーバーをもっていますが、小果であることなどから大果のユズに市場を譲ってきています。しかしながら、無核ユズはユズの長所を共有する一方、栽培上、ユズに比べて栽培管理が容易なこと、そしてユズで発生しやすい虎斑症（こはんしょう）という果皮の生理障害も少ないことなどから、無核ユズを産地化しようとするところもみられます。

ユズと無核ユズの主な食品化学的特徴を比較してみます。まず、果実重量ではユズは平均一四〇グラム程度に対し、無核ユズは約六〇グラムと一／二以下であり、種子もほとんど含んでおりません。とくに果汁の量が多く搾り取れ、搾汁率がユズで一五～二〇％に対し、無核ユズでは約三〇％と二倍近く高いことは大きな特徴です。ペクチン含量は無核ユズでユズの約一／二と少ないため、果汁はユズに比べてさらさらとした果汁特性をもっています。ペクチン以外の成分では両者にほとんど大差がなく、ビタミンCも四七～四九ミリグラム／果汁一〇〇グラムと含まれています。酸糖比は無核ユズで二・一、ユズで二・四とユズに比べて若干酸味は低く、スダチに近いようです。果皮精油組成の主要成分のリモネン、γ-テルピネン、ミルセン、リナロール、α-ピネン割合もユズとほぼ同じです。ユズの特徴的な香りを有していますが、通常のユズに比べて香りが弱いようです。このようなことから、無核ユズが青果物として搾汁利用を目的とする場合は、ユズよりも利点が多いと思われます。また、小果であることは、家庭用冷蔵庫でもユズよりも比較的場所をとらず、保蔵しやすい利点もあると思います。なお、無核ユズから選抜された品種として、〝多田錦（ただにしき）〟、はユズとほぼ同じ大きさであり、徳島県を中心に栽培されています。

五、実生ユズと接木ユズ

「桃栗三年柿八年」といわれます。種子から始まって実をつけるまでにかかる時間を言い表すことわざです。実際には桃栗で二、三年、柿で四、五年で実をつけるようで、年数は実情によって異なります。物事を成し遂げるには長い年月がかかるというたとえにも使われています。このことわざの後に続けていろいろな表現が付け足されていますが、「桃栗三年柿八年、柚子の大ばか十八年」と言われています。ユズの場合、種子から実をつけるまでおよそ一八年かかるということです。

ところで、一般に果樹類は雑種性が高く、遺伝子が組み合されるとき親植物とはまったく違った遺伝子組成をもちます。モモ、クリ、リンゴ、ナシ、ブドウなどの果樹類は親とは同じ実をつけることはまずありません。このため、親と同じ品種を保ち続けるために接木という栄養生殖の技術が使われてきているのです。一方、カンキツ類の多くは、はじめにも述べましたように（図2）、珠心胚というカンキツ特有の無性的な胚発生能力をもっています。ユズも受精後、珠心胚が形成されて、親植物の一生と同じ過程をたどります。発芽し、成長とともに長いトゲが発生し、樹木として成熟するまで開花結実に至らないのです。しかし果実は親植物と同じ果実ですので、繰り返し同一の品種を保ち続けることができます。

ユズ栽培が盛んになり出した一九六〇年以降の日本では、結実までにわずか三年程度の接木ユズにほとんど切り替えられました。今日ではごく散在的に実生ユズが残っています。実生ユズをもつ農家の間では、よく実生ユズは接木ユズに比べて香りが強く果汁の保存性がよいなどといわれてきました。この違いを科学的に明らかにするには、あらゆる条件を同一にして比較する必要があり、現実にはなかなか難しい点があります。以前に、同一農園で栽培した実生ユズ（樹齢四〇年以上）と接木ユズ（樹齢七年）について、果汁および精油成分分析を行ったことがあります。樹齢が異なる点を除けば、ほぼ生育環境は共通しています。まず、果汁分析では、酸度と糖度の比（酸糖比）は実生ユズで一・一、接木ユズで一・四と、接木ユズで酸糖比が少し高く、酸味がやや強いと考えられます。ビタミンC含量は同じでした。アミノ酸含量もどちらも果汁一〇〇グラムあたり約一一六ミリグラムであり、アミノ酸の組成もほぼ同じでした。ちなみに、血圧降下作用などの期待がなされているガンマ-アミノ酪酸（GABA）は果汁一〇〇グラムあたり実生、接木ユズいずれも約四・七ミリグラム含まれていました。一方、果汁中の精油含量は実生で〇・八七％、接木で〇・六二％でありました。精油成分をみてみますと、ユズでもっとも多い成分群であるモノテルペン炭化水素では、いずれも約九二％で同じでした。マツ葉様の香気をもつβ-ピネンやα-テルピネン、さわやかなカンキツ様の香りのあるp-シメンは接木ユズに多く含まれていました。また、ユズの香気の特徴成分の一つであるゲルマクレンDも接木で実生の二倍以上多く含まれていました。一方、含酸素化合物で、ユズに多く含まれ、フローラルな香りをもつリナロールは実生で一・五％、接木で一・三％でありました。

以上のように、実生ユズと接木ユズで、分析のみの結果からいえば、実生ユズと接木ユズでわずかに差が認められました。ただし、どちらも完全に同一条件というわけではないこと、そして量的な差異と嗜好評価とは必ずしも一致しないことから、結論にはいたっておりません。さらに、実生ユズ果汁と接木ユズ果汁の味および香りの点から嗜好の官能試験を、ユズ栽培農家の方、およびユズ栽培とは無縁の高校生に対して行った結果からは、前者では統計的に何とか有意差ありという結果が出ましたが、後者では有意差なしでありました。現在の私の結論としては、実生ユズと接木ユズで優劣の差はつけがたいということになります。ただ、百年以上の実生ユズが原生林の中で自生している姿を見ると、カンキツだけのもつ珠心胚という能力によりユズが誕生した太古の昔と同じ姿をとどめているため、悠久の昔に思いを馳せることができます。自然食品、スローフードという一つの潮流の中で、実生ユズの存在価値を見出すことができるのではないでしょうか。

三章　精油の採取法

天然物からの精油（エッセンシャルオイル）の採取は圧搾法、水蒸気蒸留法、溶剤抽出法により行われています。精油採取法の詳細な説明は重複を避けるため、「香りの選書4」（亀岡　弘著）を参考にしてください。個々の事例においては、これまでの経験、工夫、技術開発などの集積により、それぞれの目的に応じた、そして対象物に適した精油採取法が実際の現場で行われています。本書では、実用的に使われているユズの精油採取法について紹介します。

一、圧搾法

一般にカンキツ類の精油は果皮の部分に集中して存在しています。図5で示すようにカンキツ果皮において、外側の着色した部分をフラベド、内側の白い部分をアルベドとよんでいます。フラベドには無数の小さい粒々が見られますが、そのひとつひとつが油胞で、この中に精油が含まれています。ミカンの皮を剥くと香りが漂いますが、同時に手に油様の液体がつくことを経験されたことと思います。それは油胞が物理的に破壊さ

カンキツ果実
　6～8つ割りして外皮のみ削ぎ取る
フラベド
　手で折り曲げる
　精油を少量の飽和食塩水に取る
　遠心分離
粗精油
　無水硫酸ナトリウムで脱水（5℃、24時間）
圧搾油
分析試料（GC、GC-MS、官能分析）

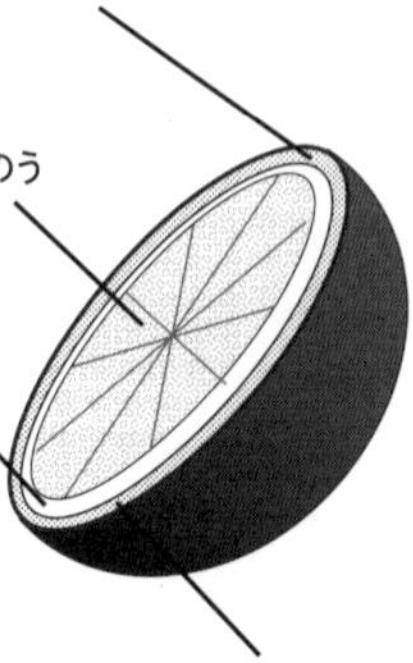

図5　実験室レベルの精油試料調製法

れて精油がはじけ出ているためです。このようにカンキツ果実は果皮に精油が集積していますので、果皮を圧搾（プレス）することによって、他の果実類に比べてより簡単に精油を採取することができます。しかし、カンキツ類は本来食用として果肉・果汁を利用してきました。とくにカンキツ類は果汁としての消費が大きく、わざわざ精油だけを取る目的だけで利用されてはきませんでした。このため、カンキツ果実では、まず、果実を丸ごと搾ることによって搾汁を得ます。ほとんどはこれが果汁製品として製品となります。この搾汁には当然、果皮から精油もいっしょに絞り出されており、果汁のフレーバーとして香りを添えます。

したがって、圧搾精油の製造法としては、従来の搾汁装置を使ってまず搾汁を行い、その圧搾果汁を遠心分離して精油を取り出します。このようにして得られた精油が圧搾精油またはコールドプレス精油と言われています。あとに残った果汁はまだ十分フレーバーは残っていますので、果汁加工品等に利用されます。

現在、世界的にはオレンジの生産量がもっとも多いこともあって、オレンジ果汁に適した搾汁装置としてインライン式搾汁機が広く使用されています。インライン搾汁機は今日多くのカンキツ果実の搾汁に応用されており、日本の温州ミカン果汁も最近はほとんどこの搾汁機によって製造されています。しかし、この搾汁機は柚子の搾汁には適していません。柚子果汁は他のカンキツ果汁に比べて果汁の粘性が高く、また浮遊性の不溶性固形物が多量に出てくるため、インライン搾汁機の果汁吸引ノズルを詰まらせるなどの不具合が生じます。

ユズの圧搾精油を得るためには、精油というよりもいかに精油の多くとれる搾汁機を開発するかということが大きな課題であります。柚子農家が柚子果汁を搾るのに今日でも用いている自家製の搾汁装置があります。原理はきわめて簡単で、果実を丸のままギュッと押しつぶして、搾汁を得る方法です。写真2は、手作業で行うユズ果汁を搾る木工装置です。このきわめて単純明快な原理を機械化して大量生産できるように考案した

写真2　ユズしぼり器
ユズを切る刃物がついており、果実を半割りにすると同時に搾汁されます。手作業ですが、効率よく行うことができます。

のが「川島式柚子搾汁装置」です。この搾汁装置は写真3のように、柚子果実が半割された状態で、回転する二本の平行したベルト（最近はベルトを歯形にしたキャタピラ式のものが多い）の間に入り、プレスされると同時に搾汁は下に落ち、搾汁かすはベルトに挟まったまま移動し、ベルトの末端で出口で排出される方式です。このあと果汁を遠心分離機にかけることによって、精油、いわゆる圧搾油を得ることができます。家内工業的には、冷暗所に柚子搾汁を静置しておくことによって、精油が自然に表面に浮いて分離し、それをすくい取っています。現場ではそれを「浮油」と称しております。このベルト式搾汁装置は、柚子の生産が盛んになり出した一九七二年（昭和四七年）に開発されたもので、開発者の川島博孝氏は高知県安芸郡北川村の出身です。その後、ユズ搾汁装置は井河鉄工所（小松島市）により改良され、自動化されたものが、日本全国はもとより、韓国においても使われており

写真3　キャタピラ式ユズ搾汁装置
自動ユズ搾汁装置のほとんどはこのタイプです。

ます（口絵4）。現在、著者は四国経済産業局の支援を受けて、馬路村農業協同組合、パシフィックソフトウエア（株）、港産業（株）、（財）高知県産業振興センターとの共同研究により、従来機をさらに改良し、高収率・高機能性柚子搾汁システムの開発を行っております。このシステムはコンピュータで制御された果汁循環方式に基づく新しいシステムです。研究が成功すれば、従来の方法よりも精油量を最大二〜三倍多く果汁に移行させることができるようになり、画期的な方法となります。同時に果皮中に多く含まれるビタミンCもこの搾汁装置によれば、従来式よりも一・二倍多くなります。原料ユズ果汁の機能性および品質が向上し、ユズ果汁加工品の全体的な底上げになるものと期待されています。

実験室レベルでの圧搾油の調製法として、図5

に示す方法があります。フラベドを手で折り曲げることによって油胞をつぶし、精油を採取するものです。この方法は手作業で決して効率のよい方法とはいえませんが、加熱、蒸留、濃縮操作や溶媒の使用を伴わないために、成分組成的にもっとも天然に近い精油が得られます。著者の研究室ではこの二〇年間、すべてのカンキツ試料についてこの方法で精油調製を行ってきました。精油は抽出法の違いにより成分組成が変動するのは珍しいことではありません。カンキツ類の精油成分組成のデータベースを蓄積していく場合、精油抽出を同一の方法で行われなければ品種間の比較ができず意味がありません。著者の研究室では常に同じ抽出法、同じ分析条件で分析した各種カンキツ精油の組成データを保有しています。

圧搾油の特徴は、精油に溶解しやすい脂溶性物質も若干含まれます。カロテノイドは黄色から橙赤色をもつ脂溶性色素です。果皮の黄色はこのカロテノイドによるもので、精油に混入してきますので、一般に圧搾油の色は淡黄色となります。その他、果皮に多く存在する脂溶性ビタミンの一種のビタミンEや植物ステロイド類、ワックスもわずかに混入してきます。製造過程で熱源の使用がありませんので、天然に近い深みのある精油となります。このような点から圧搾油には揮発性物質の他に微量の不揮発性もしくは高沸点物質が共存するため、とくに食品香料分野で多く用いられております。

二、水蒸気蒸留法

(一)　減圧水蒸気蒸留

水蒸気蒸留法は植物精油の抽出に一般的に使用されている方法です。カンキツ類のように、精油が油胞という特定の細胞に集積しておれば圧搾法が使用できますが、カンキツ類以外の植物では、精油だけを蓄積する油胞という特別の細胞はなく、精油が各細胞の細胞液にわずかずつ溶け込んでいるため圧搾法で精油を採取することは困難です。水蒸気蒸留法では、水蒸気と共に精油が溶出してくるため、蒸留液を集めて液表面に浮いてくる精油を回収することができます。植物精油の沸点は通常一〇〇℃以上ですので、水蒸気を使わずに蒸留しようとすると、常圧では一〇〇℃以上に試料を加熱しないと精油が気体となって出てきません。そうするととくに精油成分は高温では成分変化を起し、元の組成とは異なった精油に変質する可能性があります。しかし水蒸気蒸留法によれば、温度は一〇〇℃を超えることはなく、そして水蒸気と共に精油がその沸点よりも低い温度で留出されるようになり、精油を採取することができます。精油成分の多くは物理的、化学的に不安定で変化しやすいため、さらに高品質の精油を捕集しようとすると、減圧水蒸気蒸留法が用いられます。減圧にすることによって、液体は大気圧の沸点よりも低い温度で沸騰をしますので、低温で高沸点化合物を取り出すのに非常に有効な方法です。多くの場合、四〇～六〇℃で試料の水混合物が沸騰するよう、圧力を調節しています。得られた精油はきわめて純度の高い精油で、圧搾油に含まれる色素や不揮発性物質が完全に除かれています。一方、とくに低沸点成分のいくらかは蒸留過程で揮散することはやむをえません。水蒸気蒸留油はこのような特徴がありますので、精油揮発後の色素などの残留物が残らないという利点から、とくに香水、香粧品、アロマテラピー分野で利用されています。

ユズ精油もこれまで述べてきた方法と同じ方法で精油が取られています。減圧水蒸気蒸留で行われるのが一般的です。水蒸気蒸留用の原料柚子は、精油製造のみのために使われることは少なく、多くの場合、柚子果汁を搾汁したあとの搾汁後の果皮残滓が使用されています。この残滓にはまだ果皮重に対して一％近くの精油が残存しています。搾汁直後の果皮残滓には精油のある外側の果皮に内袋も付着した状態で取り出されます。内袋があると、精油収率を低下させますので、この内袋を除いた状態の果皮でより効率的な水蒸気蒸留を行うことができます。ユズの収穫期はほぼ一か月間に集中しますので、蒸留用の原料果皮はマイナス三〇℃で冷凍保存されます。圧搾油は果汁製造の一環として採取されるため、精油抽出量をそれほど増やすことができません。一方、水蒸気蒸留の場合は、原料がもともと廃棄物ですので、この果皮残滓から目いっぱい抽出することが望まれます。

(二)　超音波印加型減圧水蒸気蒸留

従来の減圧水蒸気蒸留法の特徴を踏まえた上で、著者らは、ユズ搾汁後の果皮残滓から従来の水蒸気蒸留法よりも効率よくまた高品質の精油を回収する技術開発に取り組んでいます。現在、ユズ搾汁後残滓は日本国内で年間約六、〇〇〇トンが排出されています。この一部は製菓業界やユズコショウ、果皮加工品などに利用されていますが、残りのほとんどは産業廃棄物として化石燃料を使って焼却されています。著者は、(独)科学技術振興機構の支援を受けて、「柚子搾汁後残滓のエココンシャスな精油抽出・処理技術の開発」という研究テーマで、(株)エコロギー四万十、(株)四電技術コンサルタント、高知工科大学、高知工業高等専門学校と共同して、超音波を印加しながら減圧水蒸気蒸留を行う新技術の開発に取り組んでいます。この技術開発プロジェクトの概要を図6に示します。このプロジェクトは三つの柱からなっています。

まず、第一点として、ユズの果皮残滓から効率的な精油抽出技術として超音波印加型減圧水蒸気蒸留装置により、搾汁後の果皮に残存するユズ精油をできるだけ多く抽出す

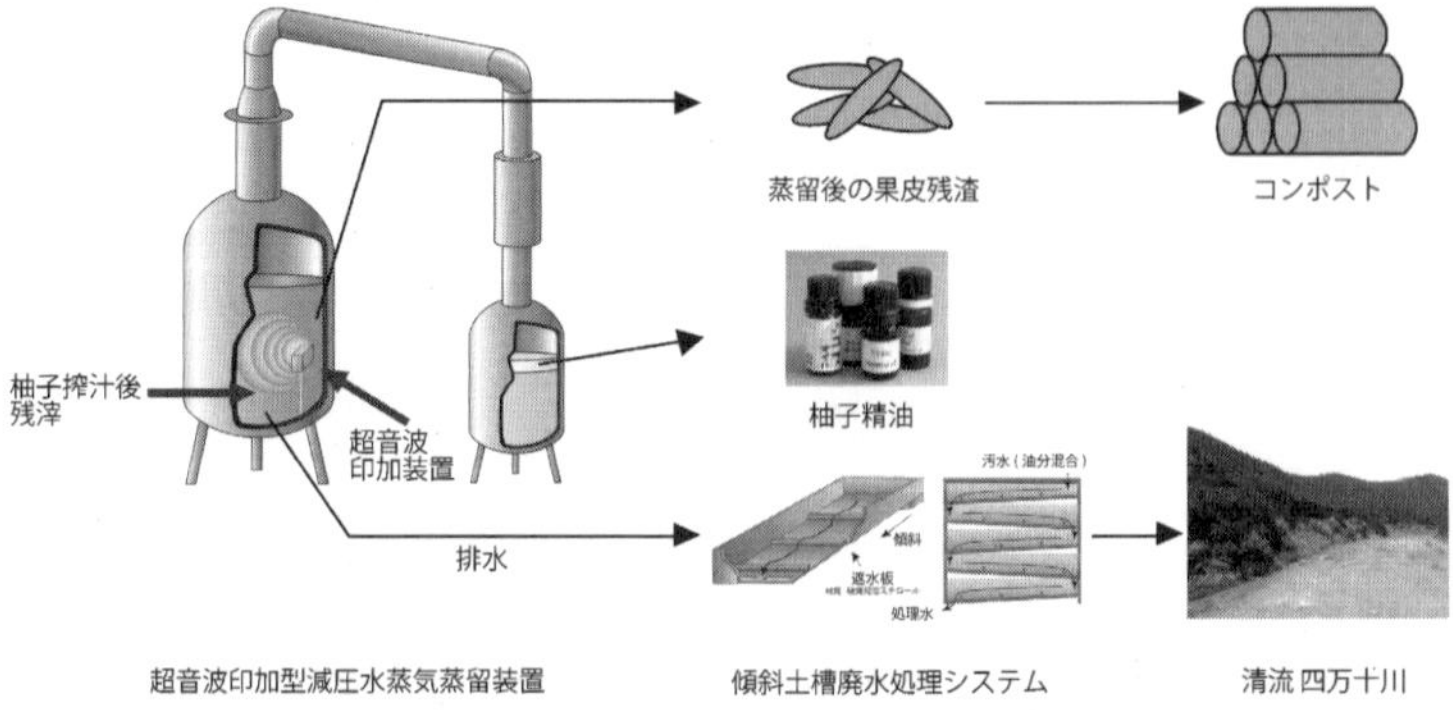

図6　柚子搾汁後残滓のエココンシャスな精油抽出・処理技術の開発概要
（独）科学技術振興機構による研究プロジェクト：ユズ搾汁後残滓から効率よく精油を抽出する技術の開発をします。また、蒸留後の残渣および廃水処理も物質循環と地球環境を考えた技術開発を目指します。

ることができるようになりました。超音波というのは人間の耳に聞こえない二〇キロヘルツ以上の高い音であります。イルカやコウモリが超音波を出しながら仲間同士で交信したり、獲物をとったりしていることはよく知られています。また、魚の群れを見つける魚群探知機や精密機械の洗浄に使用される超音波洗浄機などに応用されています。身近な例では、眼鏡店に行くと、眼鏡のレンズ表面の汚れやフレームの微細な溝の中のほこりやごみなどは、超音波洗浄機によって短時間で取り除かれ、きれいな状態にしてもらうことができます。また、医療分野では、体の内部をモニター画面に映し出す超音波診断がありますが、これも超音波がどこでも繰り返し使え、人体、環境に優しいという特徴をもっているためごく一般に安全に使用されているのです。このような特性をもった超音波を減圧水蒸気蒸留に応用することによって、蒸留原料の組織間に振動が与えられ、繊維類やペクチンなどの中に包み込まれた精油滴をより効率よく組織から切り離すことができるようになります。その結果、通常の蒸留方法よりも精油の抽出効率が高まることになります。

第二点として、蒸留後の果皮残滓は通常は廃棄されていますが、このプロジェクトでは堆肥原料として利用します。堆肥を作るには微生物の力を利用するのですが、精油が存在すると微生物の生育を阻害します。このため、従来の水蒸気蒸留法のあとの残渣にはまだユズ精油が比較的多く残っているため、堆肥化の進行が妨げられます。しかしこの新しい技術によれば、蒸留後の残渣には精油が少なく、微生物活性阻害要因が排除されているため、その後の堆肥化も円滑に進行させることができます。ここで作られた堆肥はユズ栽培地に返すことにより、物質循環が可能となり、廃棄物の有効利用に寄与します。

第三点として、蒸留作業を行うと、多量の工業廃水が出てきます。とくに、ユズ廃液には多量のペクチンや高分子成分を含んでおり、他のカンキツ果汁に比べて、廃水処理がきわめて難しく、この問題がネックとなっていました。著者らはこの廃水処理に傾斜土槽法システムを導入していますが、ユズ果皮蒸留後の廃水の前処理の解決が喫緊の課題でした。ユズ果皮残滓廃水のきわめて効率的な方法の開発に成功しました。この新しい技術開発により、廃水基準としてのBOD（生物化学的酸素要求量）、COD（化学的酸素要求量）、浮遊微粒子数を格段に減少させることが可能となりました。

以上のように、このプロジェクトでは、まず、果皮残滓からユズ精油を回収して香料、香粧品などとして利用し、蒸留に伴って出てくる廃液処理および蒸留後残渣の堆肥化は資源の有効利用そしてエコロジカルな物質循環につながるものと考えられます。さらに、果皮残滓物を有効利用することにより、化石燃料の消費を減らし、ひいては二酸化炭素削減にも貢献できるものと考えています。

三、溶媒抽出法

溶剤としては精油を溶解できる有機溶剤が使用されます。たとえば、ヘキサン、ペンタン、アセトン、ジエチルエーテル、石油エーテルなどです。この方法では精油以外にも使用する溶剤に溶ける成分がすべて抽出されてきます。最終的に溶剤を抽出物から除去して精油を得ます。基本的工程としては、なたね油、ごま油、綿実油などのような植物性油脂の製造で使用されるプロセスが利用されます。原料としては搾汁後のユズ果皮残滓からヘキサンで精油を抽出し、そのあと、水蒸気を吹き込むことによってヘキサンを留去します。抽出効率は圧搾法、水蒸気蒸留法に比べて高い利点があります。一方、水蒸気（一〇〇℃）加熱による成分の変化と低沸点成分の損失の可能性があります。また溶剤の残留性についても注意深くチェックしておく必要があるでしょう。実験室レベルでは、溶媒抽出物から不揮発性の不純物を除く精製操作、たとえば水蒸気蒸留を併用する操作が一般的に行われています。

四、超臨界二酸化炭素抽出法

近年、天然物から新しい成分の分離技術として、超臨界ガス、とくに安全性の面から、超臨界二酸化炭素抽出（Supercritical carbon dioxide: SCCD）法が食品、医薬品、化学工業などの種々の分野で注目されてきています。SCCD 法の特徴は溶媒抽出法と比較したとき、残留毒性、引火・火災の危険性が無いこと、また、低温処理が可能で成分の熱的変化や損失が少ないことなどの利点があります。二酸化炭素は常温、常圧では気体ですが、密閉容器の中で高圧にすることによって液化します。二酸化炭素の液体と気体の臨界点は三一・一℃、七・四メガパスカルです。この臨界点での物質の溶解度がもっとも高い状態ですので、抽出もこれに近い条件で行われます。ユズ搾汁後の果皮残滓からSCCD 法で抽出しますと、抽出槽の条件が一五℃、一〇〇キログラム／平方センチメートル超臨界近傍の液相域で行ったとき、精油の抽出率は約一・三％でした。一方、新鮮な果皮からの抽出率は三・九％と高い効率を示しました。精油成分は、SCCD 法では圧搾法や溶媒抽出法に比べて、モノテルペン炭化水素およびセスキテルペン炭化水素が比較的多く抽出されました。また、リナロール、β-ファルネセン、ビシクロゲルマクレン、チモールなどの中高沸点成分割合が高い精油として抽出されることがわかりました。

以上、SCCD 法は高い収率で精油を回収することができ、また、低温で操作できるので成分変化が少ない精油が得られるという利点があります。しかしながら、一方では、ランニングコストが高いことが大きな問題です。したがって、少量できわめて高価な成分抽出する場合には経済的に見合う、適した方法と考えられます。

四章　香りへのアプローチ

今日知られている約一、一〇〇万種類の化合物のうち、香りに関係する化合物は約四〇万種類といわれています。食品の一般成分としては水分、炭水化物、タンパク質、脂質などが主要成分です。これに対し、香りはごく微量成分であり、一つの食品の中で約一億分の一ときわめて希薄です。比喩的に言えば、東京ドームのグラウンドと観客席を合わせた敷地（約四・七万平方メートル）をある一つの食品（一〇〇グラム）と仮定しますと、その東京ドームの敷地の中でわずか二センチメートル平方の一枚の紙切れが占める面積が、食品中での香りの存在割合に相当するのです。これだけ微量でも、私たちはその香りの刺激を十分知覚することができます。もちろん動物や昆虫の嗅覚は私たち人間の想像をはるかに超える能力を有しております。たとえば、警察犬は犯人の足跡を臭いで追跡していきますが、とくに人間から分泌される汗の臭いの原因物質である酪酸（$CH_3CH_2CH_2COOH$）に対しては、ヒトの感知濃度よりも百万倍薄い濃度でもイヌは感知できるのです。また、人間一人一人でわずかに異なる体臭パターンを嗅ぎわけ、ヒトを特定することができるといわれています。賢い飼い犬はおそらく近所の人の匂いパターンをすべて記憶しており、インプットされていない匂いをもつ人が近づいてきたときは不審者として判断し、激しく反応するものと考えられます。

微量の香りを分析するには高感度分析機器が必要となります。ガスクロマトグラフィー（GC）およびガスクロマトグラフ・質量分析計（GC-MS）が代表的な香り分析機器となっています。このような機器分析と同時に、香り分析で重要なことは官能分析です。香りは最終的には人間が評価するものですから、ヒトの鼻による分析も併せて必要です。よく、香りの研究者間で冗談半分にいわれるのですが、分析はanalysisアナリシス、官能分析はhana＋analysis＝hanalysisハナリシス、つまり、ヒトの鼻が検出器として官能分析する手法を表す造語として使われています。機器の検出器とヒトの鼻の感度は化合物によって大きく異なります。たとえば、n-プロピルアルコール（$CH_3CH_2CH_2$-OH）では、GCによる検出限界は約〇・〇〇二五ppmですが、ヒトの鼻の感度は約〇・一七ppmと機器よりも約一／七〇鈍感だといえます。しかし炭素数が一つ多い、n-ブチルアルコール（$CH_3CH_2CH_2CH_2$-OH）ではGCで約〇・一二ppmに対し、鼻では約〇・〇七ppmとヒトの鼻の感度が機器よりも勝るのです。このように、香りの研究を深めていくためには、機器による香りの分析と同時に、ヒトによる官能分析も同時に行い、総合的に香りの評価をしていくことが必要です。

一、ユズの香りの成分組成

わが国でほとんどのカンキツ類の開花時期は地域・場所によって若干の違いはありますが、通常の露地栽培では五月のゴールデンウイークの頃です。この時期に、ミカンの花が一斉に咲きほころび、ミカン産地には、甘酸っぱいミカンの香りが漂っています。この時期に結実した果実は、秋になると成熟期を迎えます。日本ではユズが鹿児島県から青森県にいたる日本列島の広い地域で栽培されており、地理的条件によっても少しずつ成熟のピークは異なりますが、ほぼ一一月の一か月間が最適収穫期とされています。この時期のユズは搾汁率も高く、またユズの香りも果実の色付き後、急激に強くなるといわれています。韓国の栽培地は済州島から朝鮮半島南岸の全羅南道で成熟期は日本とほぼ同じです。成熟期の果実は生物学的にもまた、人間サイドからの視点でみても食品化学的および栄養化学的にももっとも充実しています。もちろん香酸カンキツ類はカンキツ酢として利用されるため、酢の条件として、糖度が低く酸度が高くなければいけません。ユズは成熟期にあってもこの条件を満足させる数少ない香酸カンキツです。

収穫最盛期にあたる一一月中旬の高知県産ユズの香り分析の結果を示します。図7にはGC分析により得られた成分ピーク（ガスクロマトグラム）、そしてこれらのピーク

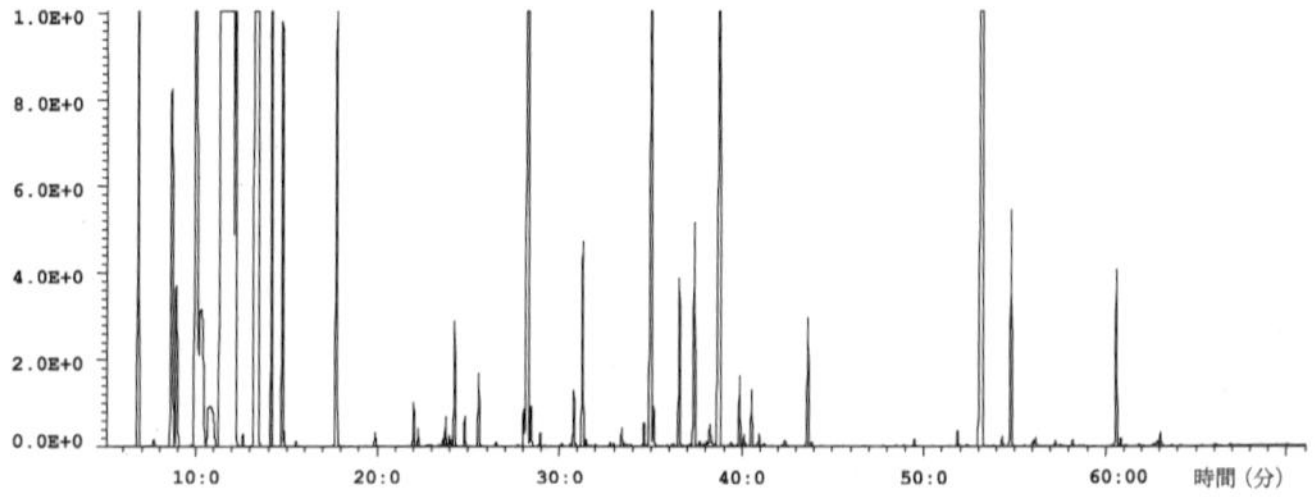

図7　ユズ精油のガスクロマトグラム

面積から算出した各ピークの相対面積割合を表3に示します。主要成分はD-リモネンで約六〇％を占めています。以下、γ-テルピネン、β-フェランドレン、α-ピネン、ミルセンでそれぞれ、一一・八％、四・一％、三・二％、三・一％の割合で含まれています。これらの化合物はいずれもモノテルペン炭化水素 $C_{10}H_{16}$（分子量一三六）(注)といわれる化合物で植物精油に多くみられる重要な成分です。また、これよりも炭素数が五個多い分子量二〇四のセスキテルペン炭化水素（$C_{15}H_{24}$）として、ユズ精油中にはビシクロゲルマクレンが二・〇％と多く含まれていることも特徴の一つです。このほか、トランス-β-ファルネセン、ゲルマクレンD、β-カリ

（注）テルペン炭化水素とは、C_5H_8（イソプレン）を基本骨格とする炭化水素の総称です。$(C_5H_8)n$ で n=2, 3, 4 をそれぞれ、モノテルペン炭化水素、セスキテルペン炭化水素、ジテルペン炭化水素とよびます。植物精油に含まれるテルペン化合物のほとんどはセスキテルペン炭化水素までです。テルペン化合物の詳しい解説につきましては「香りの選書1」（堀内、二〇〇七）に譲ります。

オフィレンがそれぞれ、一・二%、〇・五%、〇・四%の割合で存在します。

モノテルペン炭化水素とセスキテルペン炭化水素の全体の割合はそれぞれ、八七・三%、五・三%です。したがって、後者に対する前者の比をとると一七となります。この［モノテルペン炭化水素／セスキテルペン炭化水素］の比はカンキツの種類の特徴を示す目安となります。オレンジではこの比が七〇〇以上ですし、グレープフルーツで約一五〇とユズに比べて大きな差があります。また、温州ミカン、ライム、レモンなどでも三〇以上とやはり、ユズに比べて高い値を示します。各カンキツの香りの特徴を表現する見方として、個々の成分割合の比較も重要ですが、分子量の異なるテルペン系炭化水素に分類して、その比の違いから成分化学的特徴を表現するのは新しい視点であると思われます。

表3　ユズ精油組成

化合物	%
α-ピネン	3.17
β-ピネン	1.33
サビネン	0.63
ミルセン	3.09
α-フェランドレン	1.19
α-テルピネン	0.45
D-リモネン	60.18
β-フェランドレン	4.11
γ-テルピネン	11.76
p-シメン	0.61
テルピノレン	0.78
α-コパエン	0.12
β-クベベン	0.07
リナロール	2.58
カリオフィレン	0.43
(Z)-β-ファルネセン	1.19
α-テルピネオール	0.30
ゲルマクレンD	0.47
ビシクロゲルマクレン	1.98
δ-カジネン	0.14
ゲルマクレンB	0.25
ゲルマクレンD-オール	0.46
チモール	0.28

以上の炭化水素類に加えて、精油中にはアルコール類、アルデヒ

ド類、ケトン類、エステル類など炭素、水素の他に酸素原子が加わった含酸素化合物類も少量ながら含まれています。むしろ特徴的な香りを示すのは炭化水素類よりも含酸素化合物にあるといわれています。ユズ精油中にもっとも多いのはリナロールで二・六％です。その他、α-テルピネオール、チモールがいずれも〇・三％含まれています。リナロールの割合が高いのもユズ精油の特徴であり、その他のオレンジ、ブンタン、グレープフルーツ、ミカン類、ライム、レモンなどでは一％未満です。

二、ユズの香り組成と産地の違い

ユズの香りは産地によっても香りが異なるのでしょうか。ユズ生産関係者の間では、産地によって香りが違うといわれています。これについてはあくまで経験的な話であり、科学的なデータはこれまで報告されていません。表4には収穫最盛期の一一月中旬における高知、徳島、愛媛、大分、和歌山の主な産地のユズの香り成分表を示しています。もっとも多く含まれているモノテルペン炭化水素のリモネンは高知産のユズで他の産地のユズよりも一％程度多い反面、γ-テルピネンが一％程度低くなっています。ミルセンは徳島産で〇・五％程度低くなっています。また、モノテルペンアルコールであるリナロール含量が徳島および愛媛産で三％と高く、高知産では二・六％と他の産地よりも

表４　各産地のユズの主な香り成分

化合物	産地（%）				
	高知	徳島	愛媛	大分	和歌山
リモネン	60.2	59.2	58.2	58.5	58.4
γ-テルピネン	11.8	13.7	12.3	12.5	12.5
β-フェランドレン	4.1	4.1	4.1	3.9	3.8
α-ピネン	3.2	3.1	3.2	3.0	3.1
ミルセン	3.1	2.6	2.9	3.0	2.9
ビシクロゲルマクレン	2.0	2.0	2.2	2.3	2.0
ゲルマクレンD	0.5	0.5	0.6	0.5	0.6
リナロール	2.6	3.0	3.0	2.8	2.8
α-テルピネオール	0.3	0.3	0.3	0.4	0.3

低くなっています。β-フェランドレン、α-ピネン、ゲルマクレンD、α-テルピネオールなどの成分はほぼ同じ割合でした。これ以外の微量成分でも産地により違いがみられます。このようなことから、香りの化学組成が各産地によってわずかに違いがみられるようです。この違いが官能的評価の違いにも影響してくるものと考えられます。

三、香りの分類

成分組成を知ることは、その香りの基本的情報として重要です。ある香りを再現するとき、構成成分のすべての化合物を存在する濃度割合で調合することができれば可能となるでしょう。しかしながら、現実にはいくつかの大きな問題があります。まず一つは分析機器の検出限界の問題です。香り分析でもっとも有力なガスクロマトグラフィーでさえ、最小検出量は一〇ナノグラム（一グラムの一〇億分の一）程度です。検出限界以下の化合物については、同定も定量も不可能です。したがって、一つの香りを構成するすべての成分を知ることはできませんし、その濃度割合を明らかにすることはできません。食品における香り成分の割合はきわめて希薄であることは前に述べたとおりです。その他にも、調合のためには少なくとも数百種類以上の純度の高い標準化合物が必要ですが、その入手の問題、あるいは香り成分すべてが揮発性化合物であるため、大気圧や気温によっても状態が変動しやすく、標準液の取り扱いがきわめて難しいことも大きな問題であります。

このようにある食品のすべての成分情報を得ることは現実的にはたいへん難しいと思います。しかしながら、ある香りの再現に必ずしもすべての構成成分の情報が必須である必要はありません。香りによってはごく少数の化合物によって、その特徴的な香りが代表される場合もあるのです。その香りに貢献度の高い化合物は香りの再現に重要な情報となるのです。オランダの食品科学者のNursten（一九七六）は食品の香りに貢献度の高い化合物の数から食品を分類しています。第一カテゴリーには、一つの化合物でその食品の特徴的な香りを代表できる食品が分類されています。たとえば、レモンはシトラール、グレープフルーツはヌートカトン、ニンニクはジアリルジスルフィドという化合物で代表できるのです。この他にも、シイタケはレンチオニン、バナナは酢酸イソペンチルがその匂いのキー（鍵）となる化合物です。第二カテゴリーは二、三種類の化合物でその食品の香りを代表できるもので、たとえばデリシャスリンゴの香りは、エチル-2-メチルブチレート、ヘキサナールおよび2-ヘキセナールの化合物で代表できるものです。第三カテゴリーは、たとえば紅茶やコーヒーのように数十〜数百の化合物を忠実に調合すれば何とか再現が可能な食品です。最後に第四カテゴリーは、現在の分析技術からいくら忠実に調合したとしても再現できない食品の香りです。たとえば腕利きの調理人が作った料理の絶妙の香りは複雑で再現が難しいものです。

四、オルファクトメトリー

フレーバー研究の最大の目標は、ある香りに貢献度の高い化合物、すなわちキー化合物の解明であります。この研究を進める上で基本的に重要なことは、機器分析による評価と官能的評価を組み合わせることであります。これまでいくつかの方法が紹介されてきていますが、基本的な考え方は共通しております。ここでは、広く利用されているGC-オルファクトメトリー（Gas Chromatography-Olfactometry: GC-O）を紹介します。揮発性成分の分離・分析手段としては最適のガスクロマトグラフィー（GC）と匂い嗅

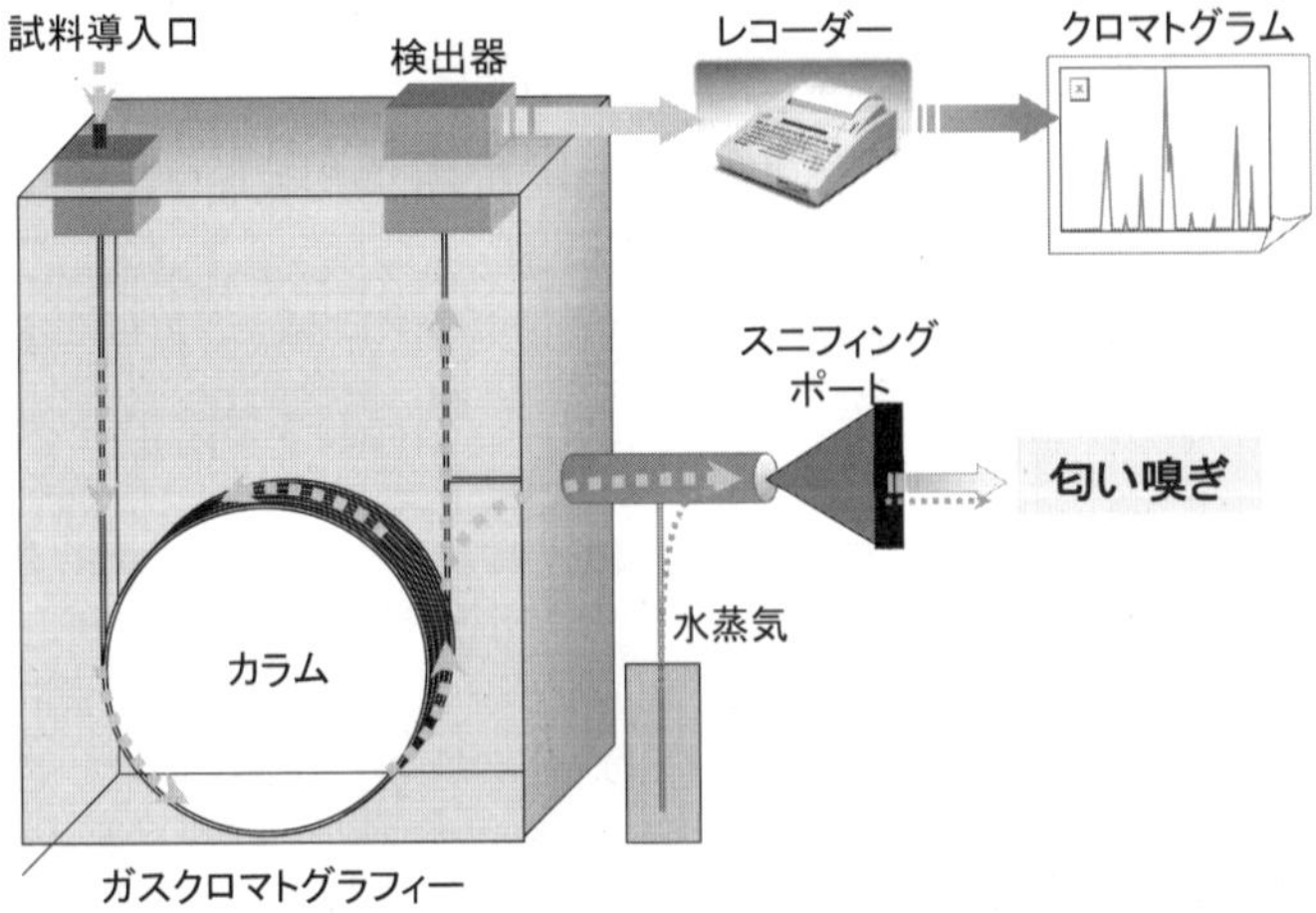

図8　匂い嗅ぎ装置（ガスクロマトグラフィー／オルファクトメトリー）

試料導入口より注入された香り試料は、カラム（長さ30〜60m）を通過する間に、一つ一つの成分に分けられて、カラムの出口に次々と出てきます。カラムの出口は2方に分岐しており、一方は検出器に通じ記録されます。もう一方は匂い嗅ぎ装置で、人間の鼻でそれぞれの匂いの特徴が判定されます。鼻の疲れを軽減するために常に水蒸気が送られています。

ぎ分析であるオルファクトメトリーを組み合わせた方法です。オルファクトメトリーとは嗅覚分析という意味です。この分析装置の概略を図8に示します。精油試料はガスクロマトグラフの試料注入口から入れられ、長さ三〇〜六〇メートルの分析カラムの中を移動する間に、多数の精油成分は一つ一つに分離しカラムの出口に至ります。ここで二つの経路に分岐し、一方は検出器に通じ、記録計でピークとして記録されます。もう一方は匂い嗅ぎポート（スニッフィングポート：Sniffing port）に通じ、ここで人間の鼻で各成分の匂いの特徴を判定します。鼻の乾燥と疲れを軽減するために、匂い嗅ぎポートには常に水蒸気を送り込んでいます。実験は写真4のように二人一組でGC-オルファクトメトリーを行い、一人は匂い嗅ぎ、もう一人はピークの確認と匂いノートの記録を行います。このような方法により、精油成分の中からその香りに特徴的な香り成分を見つけ出すことができます。

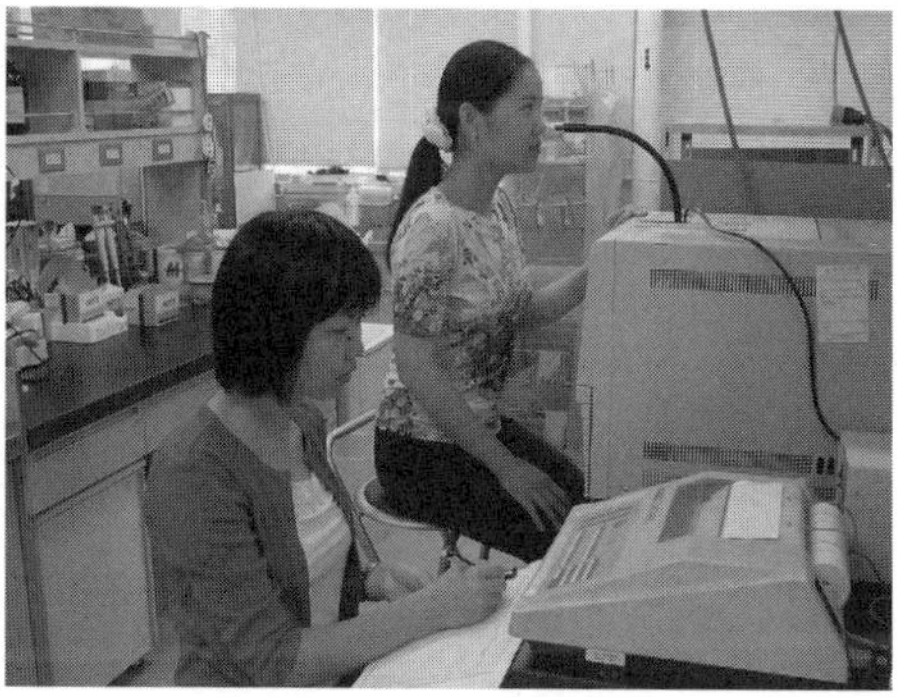

写真4　匂い嗅ぎ分析

ガスクロマトグラフィーから溶出される一つ一つの化合物の特徴を分析します。

五、アロマ抽出物希釈分析法

GC-オルファクトメトリーを行う場合、精油を直接匂い嗅ぎ試験をすることにより、精油中の各成分の匂いの特徴を官能的に表現することができます。香りは非常に複雑な要素をもっており、香りに特徴的なキー化合物以外に香りのバックグラウンドとして、キー化合物を引き立たせる役割をもつ成分も見逃すわけにはいきません。つまり、特徴的な香り発現に及ぼす各成分

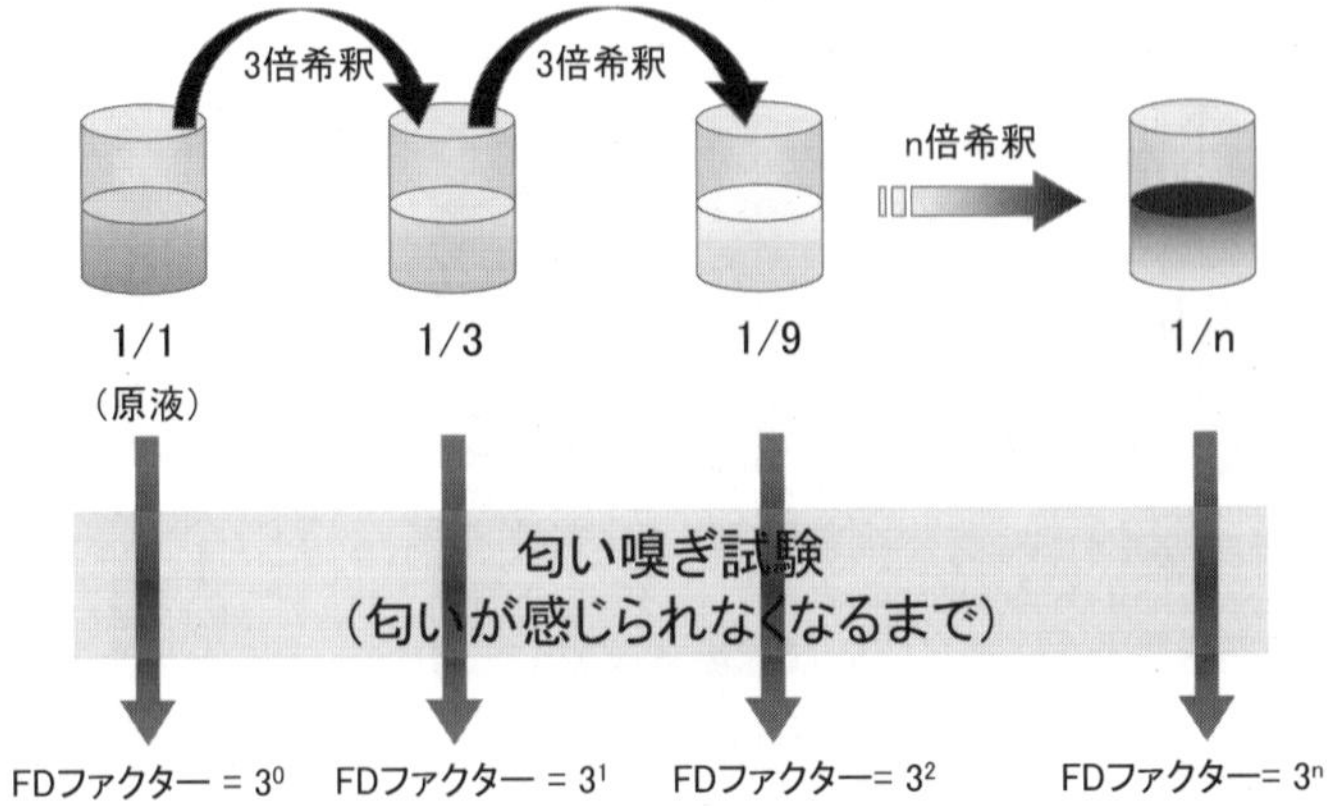

図9　匂いの強さの求め方（AEDA法）

の貢献度を知ることも、香りのプロフィールを理解する上で重要であります。この目的のために提案された方法がAroma extraction dilution analysis（AEDA）法です。日本語に言い換えれば、「アロマ抽出物希釈分析法」です。この方法は、図9に示すように、精油試料を累乗倍ずつ希釈していき、匂いが知覚できなくなるまで、順次匂い嗅ぎ試験を繰り返していきます。図では一例として三倍ずつの希釈例を示していますが、二倍希釈、四倍希釈、五倍希釈、一〇倍希釈でも可能です。匂いの貢献度の低い成分はすぐに消失し匂いを知覚できなくなりますが、匂いの貢献度の高い成分は希釈を繰り返してもなお匂いが残り、知覚されます。この希釈度が個々の成分の特徴的な香りへの貢献度（FD factor: Flavor dilution factor、FDファクター）

として決定されます。

六、ユズ精油の特徴的芳香成分

カンキツ精油に共通的な主要成分はリモネンであり、多くのカンキツで六〇～九五％を占めています。しかしながら、リモネンは必ずしも特徴的な香りとしての寄与は高くありません。リモネンの官能的寄与が高ければ、すべてのカンキツ類は個性のない同じ香りになってしまっていたことでしょう。リモネンの香りはおだやかなカンキツ様の匂いをもち、カンキツの香りを下支えするベースとしての役割をもっていると考えられます。また、リモネンは香りに重要な他の成分を溶解する溶媒としての役割を果たしているものと考えられます。

表5にGC-オルファクトメトリーによってユズ精油を希釈し、そしてGC-Oによって匂い嗅ぎ試験を行った結果を示します。また、図10には、ユズ精油のガスクロマトグラム（上図）とアロマグラム（下図）を示しています。下の図で、縦軸はFDファクターを示しています。FDファクターが高い成分ほど、香りへの貢献度が高い成分と判断されます。私たちの研究結果から一七種類の化合物がユズ香気に対する貢献度が高い成分と考えられます。一七種類の化合物の官能基別内訳はテルペン炭化水素が二個、アル

表5　ユズ精油の特徴的芳香成分

化合物	濃度(C) %	FDファクター	フレーバー比活性
オクタナール	0.01	12	36.1
6-メチル-5-ヘプテン-2-オール	微量	18	76.6
メチルトリスルフィド	微量	18	76.6
酢酸オクチル	微量	12	51.1
δ-エレメン	微量	12	13.7
ボルネオール	0.07	12	51.1
n-オクタノール	微量	15	63.9
α-ベルガモテン	微量	15	45.2
ネラール	0.01	15	63.9
トランス-ウンデセ-2-エナール	微量	15	63.9
(+)-*p*-メンタ-1-エン-9-オール	微量	15	63.9
リモネン-10-オール	微量	12	51.5
未同定	微量	14	59.6
セドロール	微量	15	63.9
オイゲノール	微量	12	51.1
カルバクロール	微量	12	51.1
イソオイゲノール	微量	12	51.1

FD ファクター：フレーバー希釈度
フレーバー比活性：$\log 2^{(FD)}/C^{0.5}$

コール類が九個、アルデヒド類が三個、エステル類が一個、硫黄化合物が一個、未同定物質が1個となっています。表に示されているように、これらの成分濃度はいずれもきわめて低いのですが、香り発現においては非常に重要であることが理解できると思います。たとえば、メチルトリスルフィドはごく微量しか含まれていないですが、アロマグラムではきわめて高く、FDファクターが一八です。つまり、元のユズ精油を$1/2^{18}$に希釈するまで匂いを知覚することが

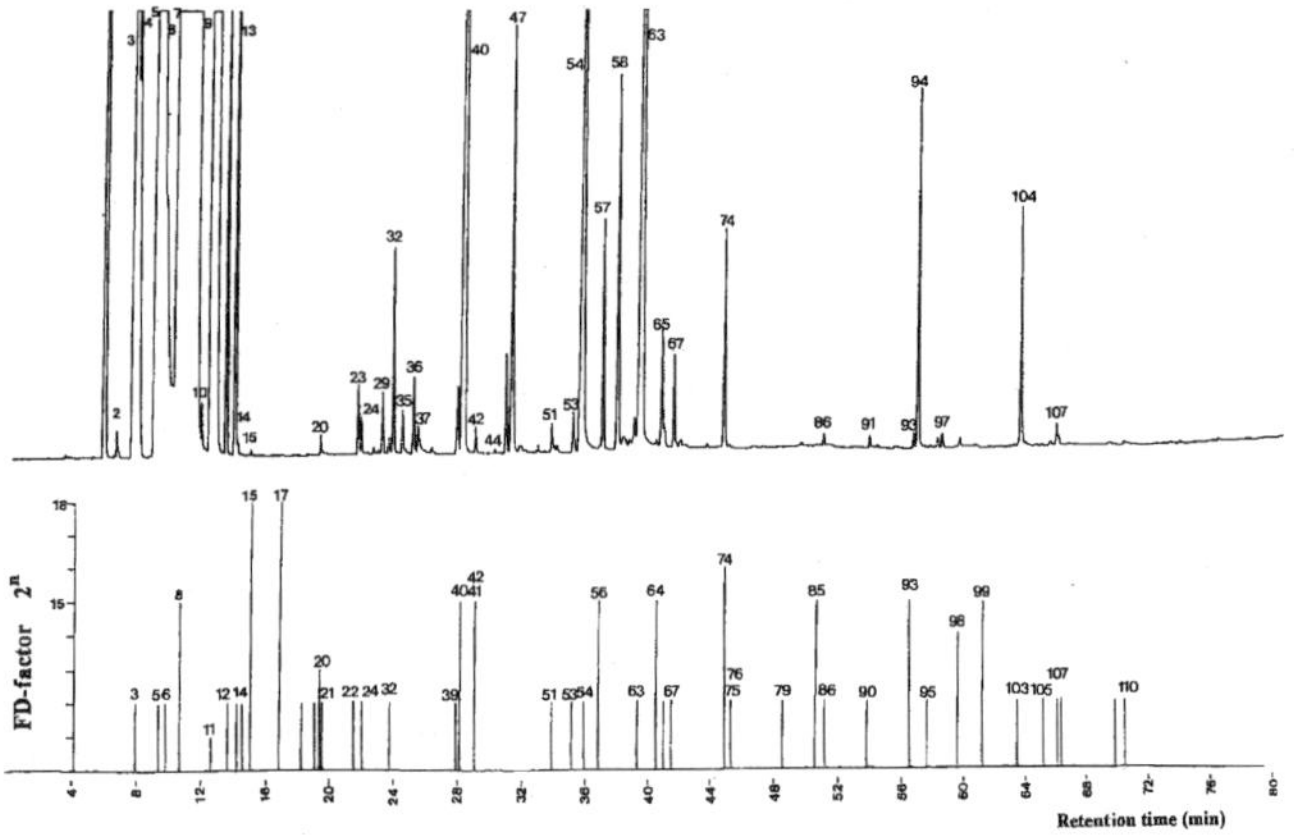

図10　ユズ精油のガスクロマトグラム（上）とアロマグラム（下）
ガスクロマトグラフィー（機器分析）による定量結果とオルファクトメトリー（官能分析）の結果は必ずしも一致していないことが示されています。

できるのです。実験としては二倍希釈を一八回繰り返して、その都度、約二時間の分析サイクルで匂い嗅ぎ試験を行うわけですから、地道で忍耐のいる実験です。

このFDファクターの欠点として、濃度の高い成分は、希釈度を繰り返していってもなかなか匂いが消失しないことです。たとえば、表5には出ていませんが、リモネンのFDファクターは一五とかなり高く、ユズの香りに対する貢献度は一見非常に高いと判断されます。これはリモネンの濃度が約六〇%と他の成分より非常に高く、一／三二、七六八の希釈でも認識されたためです。したがって、FDファクターではリモネンのような量的に多い成分が過大評価されることになり、FDファクターだけでは、本来の特徴的なユズの香りの貢献度を示す表現手段としては不十分ということになります。そこで、濃度も考慮に入れたフレーバー比活性（Relative flavor activity: RFA）を提案しています。これは、以下の式によって算出されます。

$$RFA = \log 2^{(FD)} / C^{0.5}$$

RFA：フレーバー比活性、FD：希釈度、C：濃度

この式は機器分析の値（濃度）と官能分析の値（FD）を相関づけたものであります。ユズ精油中のリモネン濃度を六〇％とすると、RFAは〇・六となります。一方、メチルトリスルフィドのRFAは七六・六となります。このRFAからリモネンは機器分析では高い値を示すものの、官能的評価としては低いこと、一方、トリメチルスルフィドの濃度は低いですが、官能的評価はきわめて高く、ユズの香りへの貢献度も非常に高いことがわかります。また、匂い表現からもこの化合物はきわめて薄い濃度でユズ様の匂いを呈し、ユズの芳香への寄与が高い成分であると考えられます（太島、一九九二）。

表5はユズの匂い活性の高い成分についてまとめたものです。これら一七個の成分がユズの芳香の特徴的または貢献度の高い成分と考えられます。しかしながら、ユズの香りは複雑であり、これらの成分だけで天然のユズ精油の香りの再現は難しいといえます。

このことは言い換えれば、ユズの芳香に重要な未知の成分がまだ他に存在していること

表6　ユズの特徴的芳香成分（最近の研究）

化合物	文献
α-テルピネオール、チモール、チモールメチルエーテル	Shinoda ら（1970）
12-ヒドロキシ-シス-9-ドデセン酸ラクトン	Matsuura ら（1980）
2,6-ジメチル-7-オクテン-6-オール-4-オン、2,6-ジメチル-2,7-オクタジエン-6-オール-4-オン	Kitahara ら（1980）
2,6-ジメチル-2,7-オクタジエン-1,6-ジオール	Watanabe ら（1983）
シス-4-デセナール、α-シネンサール、β-シネンサール、4,5-エポキシ-p-メント-1-エン	渡辺ら（1985）
6-メチルオクタナール、8-メチルノナナール、8-メチルデカナール	Tajima ら（1990）
ジメチルトリスルフィド、1,3,5-ウンデカトリエン、1,3,5,7-ウンデカテトラエン、プロピオン酸ヘキシル、2-酪酸ヘキシル、ヘキサン酸ヘキシル、ヘキサン酸トランス-2-ヘキセニル	太島（1992）
オクタナール、(3S)-シトロネラール、(3R)-シトロネラール、(E)-2-デセナール、ネラール、ドデカナール、トランス-ウンデセ-2-エナール	Song ら（2000）
(6S)-メチルオクタナール、(8S)-メチルデカナール	大久保ら（2006）
トランス-4,5-エポキシ-2E-デセナール	宮里ら（2007）

を示唆しています。

ユズの香りに関する研究が本格的に始められたのは一九七〇年代からと思われます。すでに四〇年が経過しようとしていますが、この間、分析機器およびクロマトグラフィー分野の大きな進歩により、より詳細な分析が可能となってきました。個性的なユズの香りは、最近では欧米でも料理の香り付けに取り入れられており、国際的にもますます関心が高まると予測されます。このような情勢をふまえて、とくに香料業界においてユズの香りの研究がより盛んに行われているようであります。ユズ精油の成分の中でとくに香りに重要な化合物を最近の報告から表6にまとめています。

七、ユズの香りのプロフィール

香りの特徴を示すキー化合物を明らかにすることは合成香料を作る上できわめて重要な情報です。一方、ユズであればユズの官能的香りの全体像すなわちプロフィールを把握することも、香りの特徴を知る上で重要です。最近、私たちは一つの考え方を提案しました。ユズ精油をガスクロマトグラフィーで分析すると、通常の分析条件で約一六〇種類の成分が検出されます。GC-オルファクトメトリーによりこれらすべての成分について匂い嗅ぎを行います。同じ匂い用語が繰り返し使われたその使用頻度を集計することによって、ユズの香りのプロフィールを表現しようとするものです。高知、徳島、愛媛、大分、和歌山の五産地から収穫最盛期の一一月の上旬、中旬、下旬の三時期について試料を収集し、GC-オルファクトメトリー分析を行いました。これらすべてのデータをまとめることによって、地理的、時期的変動要因も考慮に入れられ、そして、平均化されたユズの香りの特徴が把握できるのではないかと考えられます。一五試料、一六〇

表7　ユズ精油のGC-Oで使用された匂い用語の頻度

匂い用語	使用頻度
草様	230
ハーブ様	219
フローラル	212
スイート	175
シトラシー	92
脂っぽい	75
グリーン臭	66
ウッディー	46
ビター	41
ミント様	39
酸っぱい	37

40の匂い用語のうち、使用頻度の高い用語のみ記載。

成分で三人のパネルで繰り返すことで、延べ七、二〇〇個の化合物を判定したデータを基に集約しました。表7に示すように、使用頻度の高い匂い用語のデータを示しています（Lan Phiら、二〇〇八）。この表から、ユズの香りの質は、フローラルで、草様で、ハーブ様の印象を与えるものと考えられます。今後、このような手法を他の種類のカンキツの香り、あるいはその他、植物精油に適用していくことにより、香りの表現が点と面から観察することができるのではないかと期待されます。

五章　ユズの真正分析

最近、生鮮食品の表示に関する不正が問題となっています。この問題は平成一二年にわが国における食品の製造基準および表示方法の基準を定めた「日本農林規格」において、生鮮食品の産地表示および全内容物の表示が義務づけられて以来、表面化してきました。単に通常の精油成分分析方法で正確な分析値を得たとしても、本来、食品あるいは生物には個体差があります。また、熟度や品種によっても異なるでしょう。これら自然界由来の変動要因に対して一般分析値から種類の違いを推論するのは危険であります。そこで一般食品分析法とは次元の異なる分析法として、個体差の影響を受けない化学分析法が必要となってきます。この方法の一つとして、安定同位体比分析（Stable Isotope Ratio Analysis: SIRA）が開発されてきました。これら原子の同位体比を分析することにより、食品の由来や植物の種類を知ることができます。

一、安定同位体

生物体を構成する主要な原子は水素（H）、炭素（G）、窒素（N）、酸素（O）、硫黄（S）です。炭水化物、タンパク質、脂質、そしてビタミン類や香り成分もほとんどこれらの原子の集まりから作られています。水素はもっとも軽い原子で、原子量は一です。しかし自然界には原子量が二の水素原子もごくわずかですが必ず存在しています。この水素を重水素といいます。自然界での存在比は、原子量一の水素を一〇〇〇〇としたとき、重水素は〇・一六の割合で存在します。このように同一の元素で原子量（質量数）のみが異なる二種以上の原子を互いに同位体（Isotope：アイソトープ）であるといいます。このような原子は化学的、物理的に変化をせず安定ですので、安定同位体といいます。同様に、炭素には一二と一三、酸素には一六、一七、一八、窒素には一四、一五、硫黄には三二、三三、三四の原子量をもった安定同位体がそれぞれ一定の割合で自然界に存在しているのです。

植物は光合成によって大気中の二酸化炭素 CO_2 を固定します（図11）。たとえば、CO_2 に含まれる炭素（C）の原子量は一般には一二と考えています。この炭素を ^{12}C と表記します。一方、自然界には原子量が一三の炭素原子同位体があります。同様にこの炭素は ^{13}C と表記されます。その存在比は ^{12}C を一〇〇とすると ^{13}C は一・一の割合で存在します。水素の同位体に比べると炭素の同位体は七〇倍多く、この自然界に存在しています。植物を取り巻く大気中には当然 $^{12}CO_2$ と $^{13}CO_2$ が存在しています。もちろん、

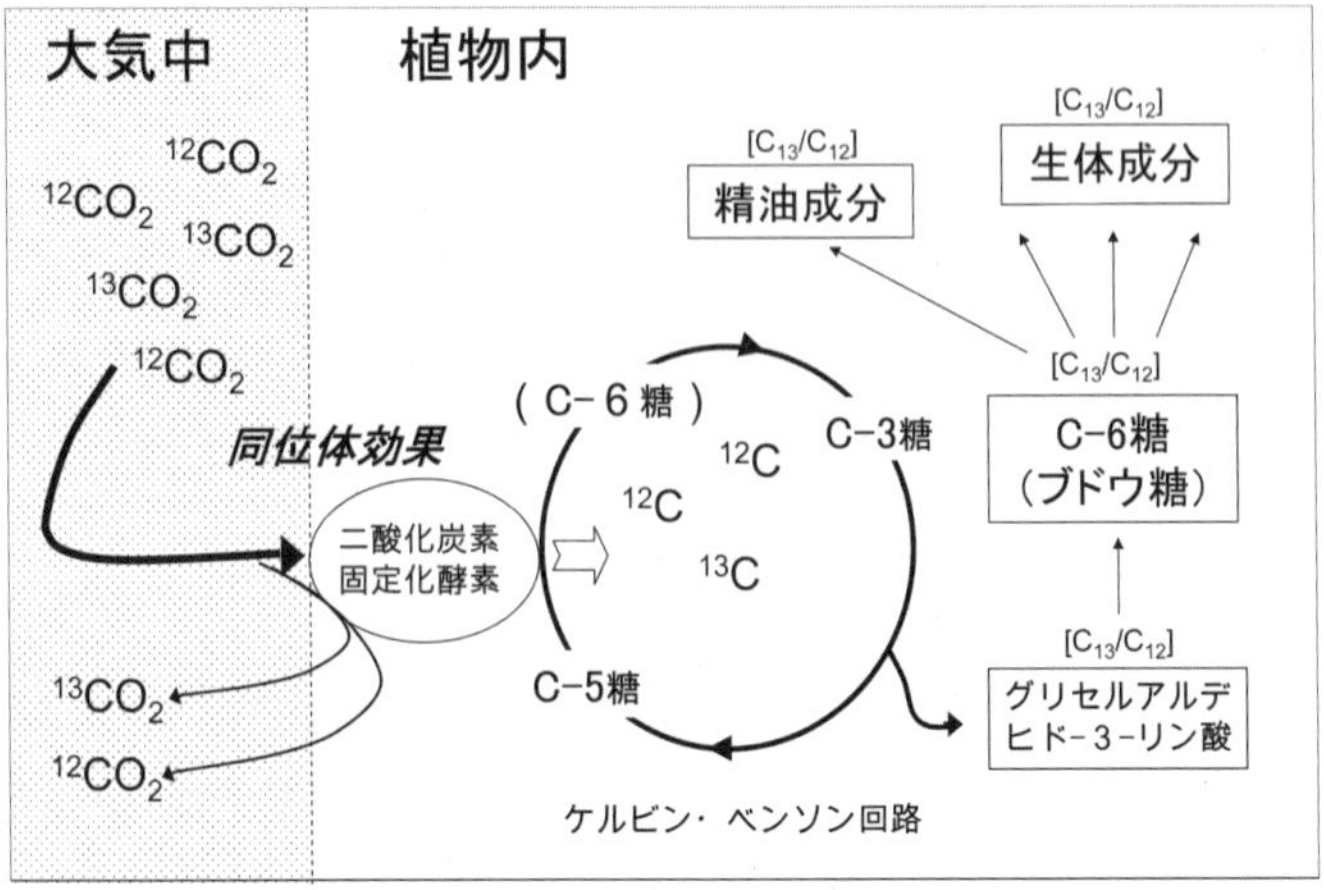

図11　光合成と同位体炭素の流れ

大気から植物に選択的に取り込まれた二酸化炭素の同位体は、植物の中でも一定の同位体比で各生体成分に反映されます。

酸素Oの同位体も存在しますが、説明を簡単にするためにここでは炭素のみに注目します。植物がこの二酸化炭素を取り込むとき、実は、^{12}Cと^{13}Cのわずかな質量差を認識しながら一定の割合で二酸化炭素を固定しているのです。これは植物が本来もっている性質で「同位体効果」とよんでいます。同位体効果すなわち、その同位体の識別の仕方は植物の種類によって異なっています。植物の中に取り込まれた炭素は、生物に必要なすべての生体成分の合成に使われます。最終的には、たとえば、ブドウ糖、アミノ酸、脂肪酸、デンプン、タンパク質、脂質などの炭素骨格となっているのです。精油成分も生体成分のひとつですので同様に、炭素骨格の同位体比は特有の値となります。ある環境におかれたある植物に各生体成分中の炭素の同位体比、すなわち、^{12}C と ^{13}C の割合は植物の種類によって異なります。炭素のみでなく、水素、酸素、窒素の同位体割合も同様です。そこで生体成分の安定同位体比分析をすることによって、その分析結果から元の植物が何であるのか、あるいは真正なものであるかどうかということを知る重要な情報となるのです。また、同位体比は植物の生育環境、地理学上の違いの判断にも用いられます。

身近な分析例を紹介します。砂糖には、サトウキビ由来の甘ショ糖とサトウダイコン由来のビート糖があります。その生産割合は前者が七〇％、後者が三〇％です。どちらもショ糖には変わりありませんので、従来の化学分析では原料植物の違いまでは識別することができません。しかし同位体比分析により甘ショ糖の分析値（$\delta^{13}C$）はマイナス10〜12％、ビート糖では約マイナス25％で、明らかにこの差から判別することができます(注)。ショ糖の同位体比の違いは、甘ショとビートの光合成機構の違いに基づくもので前者はC-4植物、後者はC-3植物に分類されています（図12）。多くの植物はC-3植物に属します。植物にはこのような本質的な差があることから、たとえばカンキツ類をはじめとする果実はC-3植物ですので、果汁中のショ糖はビート糖と同じ同位体比マイナス25％を示します。ところがこの自然の果汁に甘ショ糖で添加すれば、同位体比分析が変化し混入が判明します。ハチミツの場合もミツバチが集めるのはほとんどがC-3植物の花の蜜ですので、その蜂蜜のショ糖の同位体比もビート糖と同じようにマイナス25％です。ハチミツに甘ショ糖や甘ショ糖から作られた転化糖（ブドウ糖と果糖の等量物）などを混ぜ、増量した偽和ハチミツもこの同位体比分析法で見分けることができるのです。

（注）基準物質の同位体存在比と分析試料の同位体存在比の割合を千分率（一／一、〇〇〇：パーミル）で表します。たとえば、炭素同位体の場合、次の式のように、基準物質の炭素同位体の ^{12}C に対する ^{13}C の存在割合と、試料の炭素同位体の ^{12}C に対する ^{13}C の存在割合が、どの程度隔たりがあるかを示す値が炭素同位体比で、$\delta^{13}C$ と表します。

$$\delta^{13}C\ 試料=\{(^{13}C/^{12}C\ 試料\div{}^{13}C/^{12}C\ 基準物質)-1\}\times1000$$

本文の例で、甘ショ等の $\delta^{13}C=-10$‰ということは、この試料には、より重い炭素同位体すなわち ^{13}C を基準物質よりも一〇‰多く含まれていることを示しています。

炭素同位体の基準物質は、アメリカ・サウスカロライナ州から産出される白亜紀（一億四、〇〇〇年前〜六、五〇〇年前）の軟体動物の化石であるベレムライトまたは矢石（やいし）が使用されています。この矢石中の同位体の存在比は ^{12}C：九八・八九四％、^{13}C：一・一〇六％です。水素および酸素の基準物質としては標準海水、窒素の基準物質は大気中の窒素が使われています。

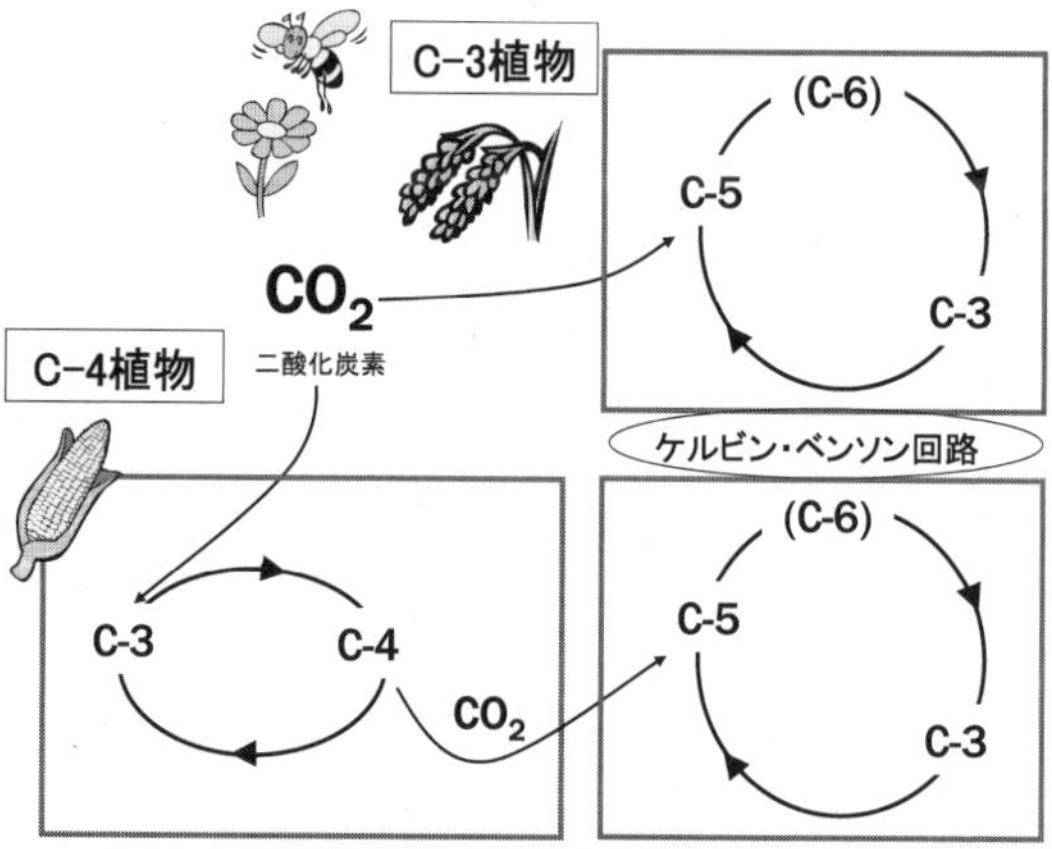

図 12　C-3植物とC-4植物の光合成における二酸化炭素の固定経路の違い

C-3植物では直接ケルビン・ベンソン回路に取り込まれる。C-4植物では二酸化炭素と非常に結合しやすいC-3化合物にまず捕捉され、C-4化合物を生成した後、C-4植物と同じ回路に入ります。

二、安定同位体比分析法

植物は光合成で取り込んだ二酸化炭素CO_2の1個の炭素原子と水H_2Oの中の水素原子H、およびそれらの酸素原子Oを化合させることにより、生体成分のすべてを合成します。したがって、生体の個々の成分の中には、その植物自身の由来や環境に関する情報が刻みこまれています。精油も生体成分の一つですので、当然、精油中の安定同位体比からもその植物の情報を引き出すことができます。安定同位体比分析には次の二つの方法があります。

① ある一つの生体成分（たとえば、精油）をすべて酸化分解して二酸化炭素と水にして、全炭素の同位体比（$^{13}C/^{12}C$）および全水素の同位体比（$^{2}H/^{1}H$）の同位体比を測定する。

② ある一つの生体成分（たとえば、精油）を構成する化合物の一つ一つについて、その化合物全体の同位体比を測定する。

言い換えれば、ある一つの生体成分はA、B、C、……の化合物から構成されています。①の方法は、これらを分離することなく、すべて燃焼させて、生成される二酸化炭素と水それぞれの同位体比を測定します。この測定には専用の同位体比質量分析装置が使用されます。炭素同位体比の標準物質としてアメリカ・サウスカロライナ州のPee Dee層から産出するベレムナイトの化石（PDB）が利用されています。同位体比分析法といえばこの方法をさし、上で述べた安定同位体比分析のまさしくそのものです。しかし、同位体比分析は特殊な分野にあり、ヨーロッパに比べてまだ日本では装置の特殊性などから一般の研究室にはあまり普及はしておりません。一部の専門分野の研究室の分析に負うところが大きいようです。

②の方法は分析法の汎用性を目的として著者の研究室で開発している方法です。測定装置として今日、多くの実験室に備えられている汎用型ガスクロマトグラフ／質量分析計（GC-MS）を使用することができます。これは香り分析で用いられている装置と同じものです。測定機器の汎用性と同時に、この方法によれば、構成成分A、B、C、……のそれぞれの化合物ごとに、その構成元素（C、H、Oなど）の全同位体比を知ることができます。この方法では複数の化合物の同位体比が得られるため、それらを総合して統計的な解析により、その試料の同位体比パターンを求めることができます。

三、精油の同位体比分析からユズのフィンガープリント

ユズ精油を汎用型GC-MSを使って高感度分析を行いますと、モノテルペン炭化水素

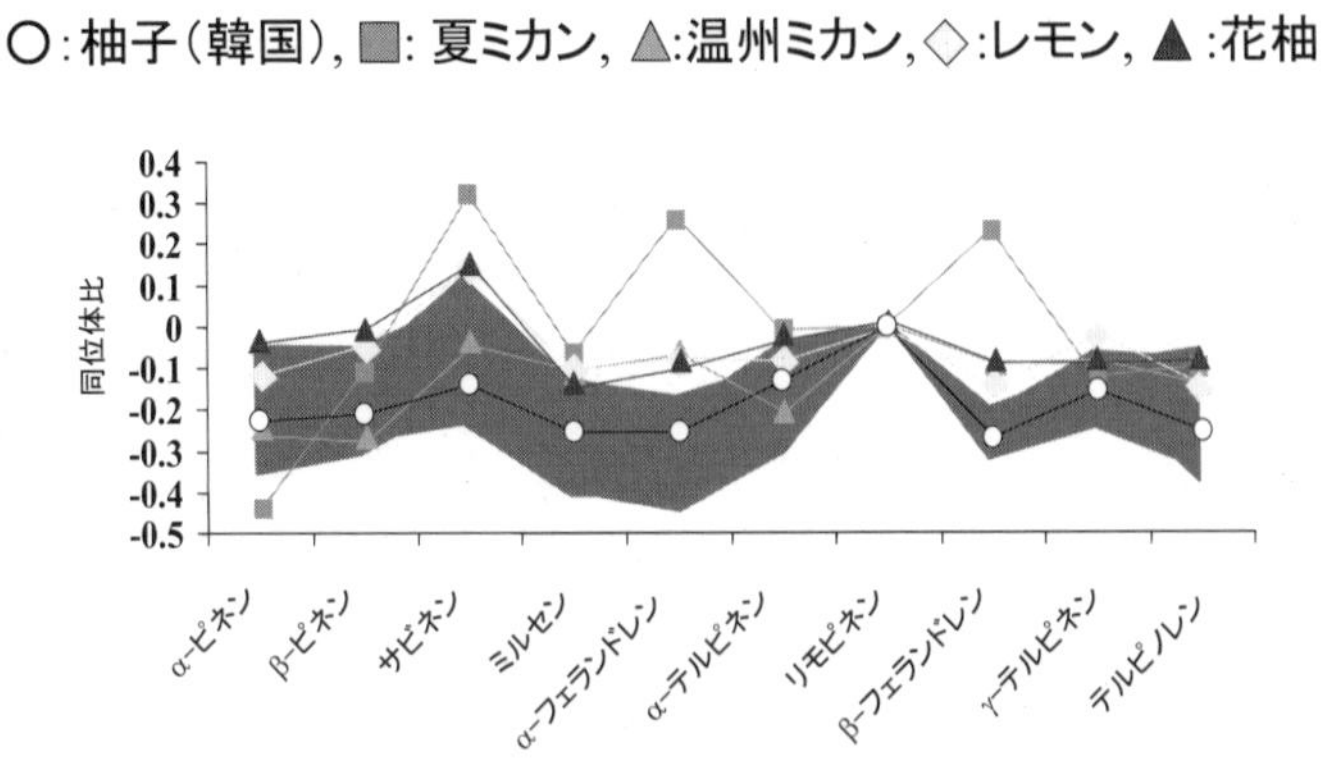

図13　カンキツ類の種類の判別分析

カンキツ類の偽和物が真正品かの判別分析。バンドはユズのフィンガープリントを示します。すなわちユズであれば、このバンド内の軌跡となり、ユズ以外のカンキツ類であればこのバンドから外れます。韓国のユズもユズであればバンド内におさまります。

の分子量一三六およびその同位体の一三七の強さを求めることができます。ユズ精油には次の一〇個のモノテルペン炭化水素が存在しています：α-ピネン、β-ピネン、α-フェランドレン、β-フェランドレン、サビネン、ミルセン、リモネン、γ-テルピネン、テルピノレン。今回用いたユズ試料は、北は山形県から南は宮崎県にいたる全国四一産地の一一月に収穫したユズです。これだけ地域環境の異なる試料から得られたデータはユズ固有の同位体比の変動範囲を表現できるものと考えられます。図13では同位体比（一三七／一三六）を示しています。灰色で示したバンドパターンがユズの同位体比であります。ユズであれば産地等の違いにかかわらず、このバンドパターンに一致するものと考えられます。つまりこのバンドパターンはユズ特有のものであり、ユズのフィンガープリント（指紋）に相当すると考えられます。韓国産のユズのデータを当てはめてみると、確かにこのバンド内におさまります。すなわち、たとえ外国産であっても、ユズである限りこのフィンガープリントに含まれることになります。一方、ユズとは異なる種類のカンキツ類はこのバンドから外れることになります。図に示しているように、ナツダイダイ、ウンシュウミカン、レモンの同位体比はユズのフィンガープリントから外れています。ユズと果実が類似しているハナユについて見てみましょう。ハナユの同位体比はα-フェランドレンとβ-フェランドレンでユズのフィンガープリントから外れています。このことは、真正のユズと、一見ユズと見間違えるハナユとは同位体比分析することによって明確に識別ができることになります。真正物と偽和物との判別分析として同位体比分析法が有効であり、今後、他の生鮮食品に対しても応用されることが期待されます。

四、精油の同位体比分析からユズの産地識別

ユズの産地識別分析にもこの同位体比分析法を応用することができます。同じユズでも栽培地域が大きく異なるときは、同位体比にも影響を及ぼします。酸素の同位体の存

在比は、^{16}O原子一、〇〇〇につき、^{17}Oは〇・四、^{18}Oは二・〇です。植物が光合成を行うとき供給される水は主に地下水からです。原子量が小さく軽い^{16}Oは、一般に、緯度の低い地方（赤道に近い地方）では質量の重い^{18}Oよりも蒸発しやすく、その結果、地下水のH_2Oの同位体比は^{18}Oの比が高くなります。一方、緯度の高い地方（北極、南極に近い地方）では水の蒸発量が少なくなり、相対的に^{18}Oの比率は低くなります。このように緯度の違いによってH_2Oの同位体比が変化すれば、植物の同位体比も影響を受けます。そこで、ユズ精油の同位体比分析の対象成分として、一〇個のモノテルペン炭化水素の他に、酸素を含むアルコール類として、ユズ精油に比較的多く含まれているリナロール$C_{10}H_{16}O$（分子量一五四）を加えました。リナロールの質量分析から質量数一五四、一五五、一五六の同位体ピークを定量することができます。

図14のように、第一グループとして北緯三三度三〇分~三四度の高知、徳島、愛媛、和歌山、大分のユズ、一方、第二グループとして北緯三四度三〇分~三五度の京都および韓国の高興（コフン）のユズを集め、同位体比分析を行いました。モノテルペン炭化水素とリナロールの同位体比分析の結果を解析しますと、まず大きな分類としては、第一グループと第2グループにはっきりと分けることができました。このことから、緯度の違いによる産地別にユズ精油分析から識別ができることが示唆されました。また、第

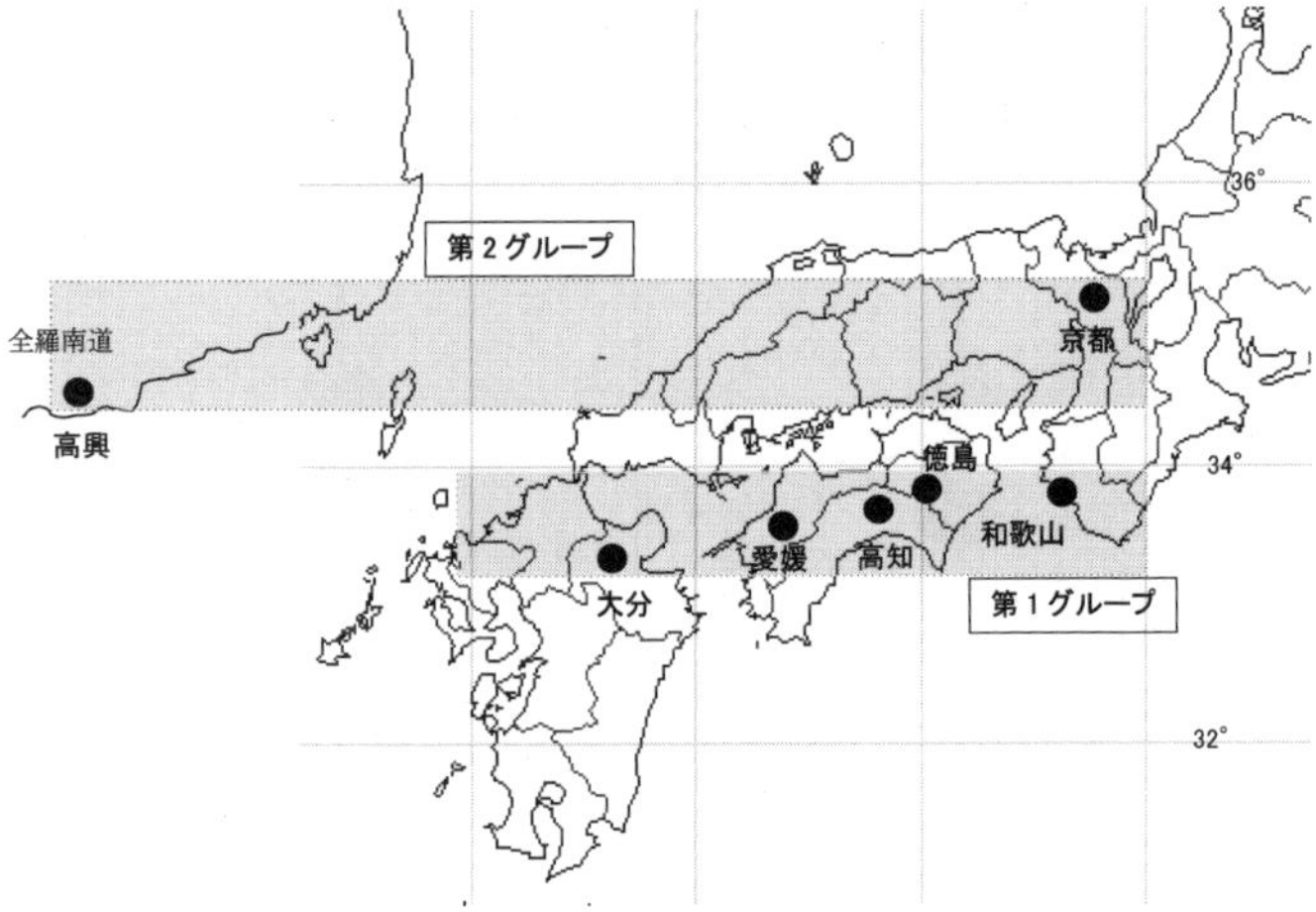

図14　ユズの産地識別分析のための試料収集地

一グループの内部を詳しく見ますと、高知産のユズとその他の産地のユズで明らかに差があることがわかりました。そして高知県内の産地間の差はありませんでした。高知産のユズは従来から、高品質で評価が高いですが、同位体比分析を用いれば、他産地との区別ができるのです。この応用例として例えば、高知県産ユズのブランド化を進めていくとき、産地保証の客観的分析法として期待されます。

五、鏡像異性体分析

異性体というのは分子式が同じで異なる化合物を互いに異性体といいます。たとえば、C_2H_6O の分子式を考えてみましょう。エタノールは CH_3-CH_2-OH の構造式をし

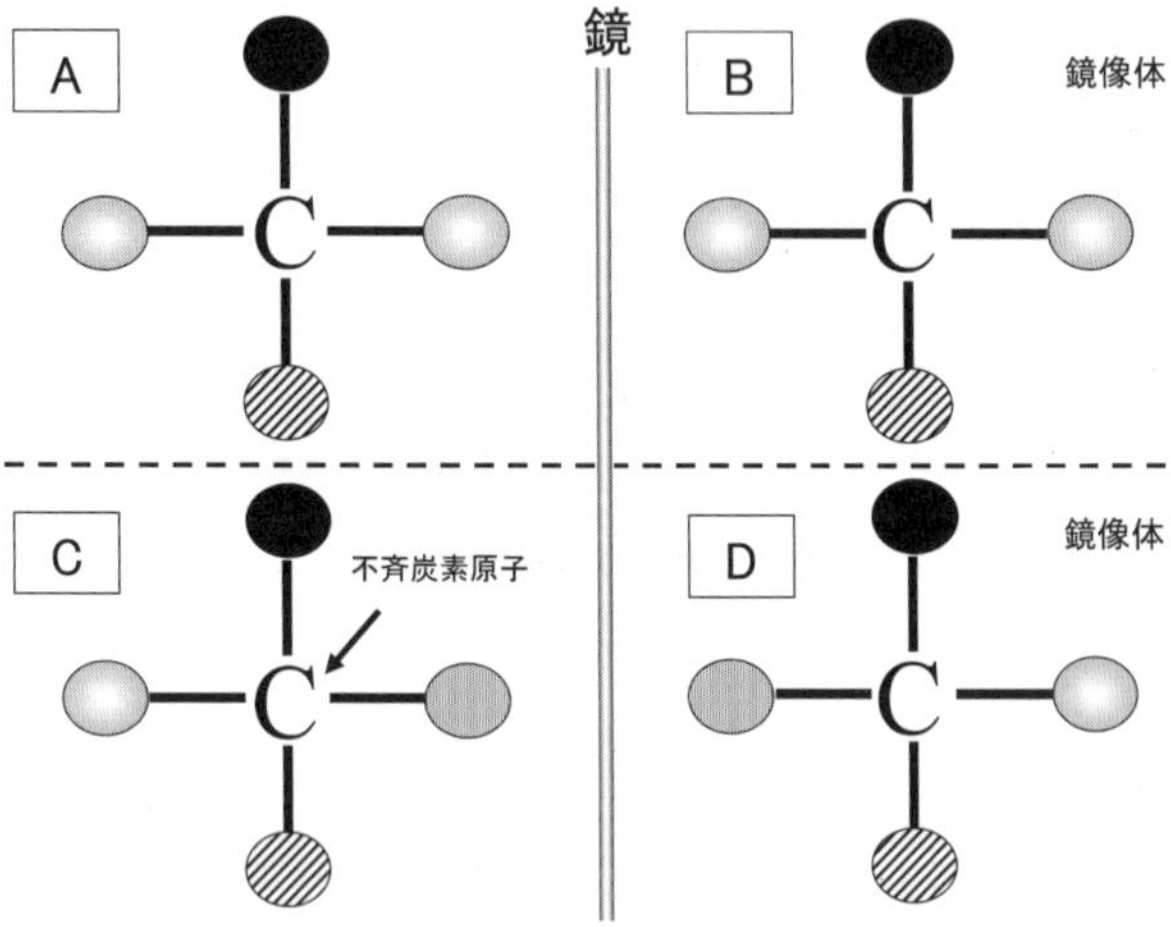

図 15　鏡像異性体（または立体異性体）

A と B は同じ化合物。C と D は異なる化合物（異性体）。C と D は炭素の 4 つの結合相手はすべて異なる。このときの炭素を不斉炭素原子という。この場合には、実像と鏡像とは重ねることができないので、互いに異なる化合物となる。左手と右手との関係と同じです。

ています。一方、アセトンは CH_3-O-CH_3 の構造式です。どちらもC、H、Oの原子の数は同じですが、結合様式すなわち構造式が異なっています。これを構造異性体とよびます。

では、立体異性体というのはどのようなものでしょうか。図15のように、一つの炭素原子に結合している相手の原子または原子団が全部異なる化合物の場合、互いに立体異性体となります（CとDとの関係）。実像とその鏡像体は一見、重なるようですが、実は重ならないのです。その理由は、炭素から出ている四本の結合の手は立体的であるからです。ちょうど正四面体の中心に炭素原子があり、四つの頂点に他の原子または原子団が結合しています。正四面体というのは正三角錐のことです。以前、牛乳の包装容器としてテトラパックが使用された時期がありましたが、そのテトラパックが正四面体です。

一つの炭素原子にはすべて同じものが結合しているのですが、鏡像関係にある組み合わせのものは立体的には同一ではないのです。よくたとえられるのが左手と右手の関係です。左手と右手の掌（てのひら）同士を向き合わせることができますが、左手の上に右手を重ね合わせることはできないのです。このような立体的に異なる化合物を互いに立体異性体または鏡像異性体といいます。カンキツ精油にもっとも多く含まれているリモネンも実は鏡像異性体があるのです。この違いを区別するために、*R*、*S*の記号が使われます。*R*と*S*は、ラテン語のそれぞれ右と左を意味するrectusとsinisterに由来します。カンキツ精油では、(*R*)-リモネンが圧倒的に多く約九七～一〇〇％を占め、(*S*)-リモネンは〇～三％です。同じリモネンでも*R*と*S*で匂いも少し異なります。(*R*)-リモネンはおだやかなカンキツ様の匂いですが、一方、(*S*)-リモネンはテルペン臭または機械臭の匂いとなります。このように、同じリモネンといっても(*R*)-体と(*S*)-体で匂いが違いますので、匂い成分組成は最終的には鏡像体の割合も確かめておかなければいけません。

(二) レッジョカラブリアとベルガモット

鏡像異性体分析は偽和分析にも応用できます。その代表的な例がベルガモット精油の偽和判定の一つとしてイタリアでは利用されています。なぜベルガモットで、なぜイタリアなのかその背景を以下に説明します。

ベルガモットの香りは紅茶のアールグレーに着香されていますので、だいたい想像がつくと思います。ベルガモット精油は格調の高い芳香を有し、とりわけフランス香水のベースオイルとして貴重な精油なのです。ベルガモットの生産地は世界的にもかなり限定されており、イタリア、アフリカの黄金海岸、ブラジル、中国などです。この中でも世界最高品質のベルガモット精油は、イタリア半島の南端のレッジョカラブリアで生産されるものに限られます。

レッジョカラブリアは人口一八万人のカラブリア州にある小さな地方都市です。メッシーナ海峡を隔ててすぐ前にはシシリー島があります。緯度は北緯三八度で仙台市とほぼ同じですが、地中海気候で、年間を通じて温暖で冬でも平均気温が一〇℃を下回ることはありません。レッジョカラブリアは、イタリアといえども日本人にはほとんど馴染みのない土地でしたが、サッカーの中村俊輔選手が地元のレッジーナチームに入り（二〇〇二～二〇〇五年）、セリエAで活躍して、一躍、日本人にも知られるようになりました。カラブリア州はイタリアの二〇州の中でも最貧州とされ、神から見放された土地とさえいわれています。しかしレッジョカラブリアの人々はまったく気にすることもなく、実に開放的で、底抜けに明るく、人なつっこい人種です。温暖な気候から、カンキツ類をはじめ、トマト、オリーブ、ブドウなど多くの農産物が栽培されており、本当はイタリアの食材を支えている重要な州なのです。観光資源には乏しいレッジョカラブリアですが、世界に誇ることができる財産が三つあります。一つは、紀元前五世紀頃の古代ギリシアの二体の男性ブロンズ像です。これはローマの国立博物館がのどから手が出るほど手に入れたい芸術品だそうです。二つ目は世界的デザイナーのジャンニ・ヴェルサーチ一家が生まれ育った町です。レッジョカラブリアの目抜き通りから少し裏道に入ったところに生家があります（写真5）。あと一つの財産がベルガモットです。ベルガモットはオレンジとライムの雑種とみなされており、南イタリアで偶発実生として発生したといわれています。写真6のように、果実は球形で収穫は一一月から三月までの間です。世界最高品質のベルガモットが生産されるのは、レッジョカラブリア州の中でもきわめて限られた範囲で、東にイオニア海、西にティレニア海に挾まれたイタリア半島

写真５　ベルガモットとジャンニ・ヴェルサーチ記念ホールのロビー

ベルガモット果実の横にあるのは19世紀中頃まで使用されていた手動式ベルガモット圧搾精油抽出装置です。ジャンニ・ヴェルサーチはレッジョカラブリアの出身で、ここには立派な記念ホールがあり、国際会議やエキジビションなどに利用されています。

写真６　ベルガモット

南イタリアのレッジョカラブリアにて撮影。この地方で世界最高品質のベルガモット精油が採取されます。

の南端の約一〇〇キロメートルの範囲です。ベルガモット栽培に適した水はけのよい石灰質土壌と、適度な海洋性気候、そして年間を通じて温暖な気候が持続的な生育の最適環境となっているのです。収穫されたベルガモットはすべてベルガモット協会で管理されており、協会直轄の工場でベルガモット精油が作られます。

(二)　ベルガモット精油ならびにユズ精油の抽出

精油抽出機としてペラトリーチェ（Pelatrice）型システムがイタリアで開発されています。一九世紀中頃までは、写真5にあるような手動式の精油抽出機が使用されていました。一八四四年にNicola Barillaによって機械化され「カラブリア式精油抽出機」が開発されました。短時間でかつ高品質のベルガモット精油製造が可能となりました。この装置の原理は、おろし金のついた長いローラーの上を丸いベルガモット果実が転がりながら進む間に果皮が削り取られていきます。そのときに精油が放出され、装置の上から細かい霧でシャワリングすることによって精油を洗い集めてタンクに集めていきます。最後に遠心分離していわゆる圧搾油が採取されます。製品は世界各国に輸出されており、とくにフランスの香水原料として欠かせないものとなっています。フランスもかつてグラースでベルガモットの生産を試みたようですが、やはり、生育環境に適していなかったようです。レッジョカラブリア州はベルガモットを州の宝として、法律でも保護しています。またベルガモット精油研究所を設立し、ベルガモット精油の品質管理分析を徹底的に行っています。精油はベルガモット協会を唯一の窓口として、品質管理と品質保証をしています。レッジョカラブリアの工場から出るベルガモット精油の容器には製品保証のため封印がなされます（写真7）。

写真7　ベルガモット精油製品の封印
ベルガモット協会による品質保証のための封印がなされて輸出されます（イタリア　レッジョカラブリアにて）。

ペラトリーチェ型精油抽出装置をユズ果実からの精油抽出への応用試験を試みたことがあります。この抽出装置を日本でも所有しているところがあり、ユズ玉二トンを使って試験しました。その結果は精油収率が低く期待した結果はえられませんでした。最大の理由は果実の形状にあり、ベルガモットは球形で果実全体から満遍なく果皮を削ることができます。一方、ユズ果実は形状が扁平であり、果皮の削り落としが多いということでありま す。また、ユズ果実はベルガモットに比べて柔らかいため、果肉がつぶれてしまうものが多くできます。果肉成分が多く混入することは精油を分離する上でいい状態とはいえません。とくにユズの場合はペクチンが多いため、集められた精油と削り落とされた果皮断片の混合液の粘性が非常に高く、連続遠心分離の効率が低下したことなどがうまくいかなかった原因でした。搾汁あるいは精油抽出を行う場合も、それぞれ種類の果実の特性を十分把握して、その種類の果実専用の抽出装置が必要であることがわかります。このことから、ユズの場合、三章で紹介したキャタピラ式搾汁機が最適の手段であることが理解されると思います。

(三)　鏡像異性体分析による真正ユズ精油の判別

ベルガモット精油の真正分析にリナロールの鏡像異性体比が利用されています。(*R*)-リナロールの香りはラベンダー様でウッディであり、一方(*S*)-リナロールはカンキツ様でフルーティーの香りです。マンダリン類、オレンジ類をはじめ一般には(*S*)-リナロールの比率が高くなっています。ダイダイ、ビターオレンジ、温州ミカンでは(*R*)-リナロールの割合が高くなっています。このような比率の違いはカンキツの種類に特有のものです。ベルガモット精油の組成はリナロールと酢酸リナリルが主要成分で約三五%を占めています。天然のベルガモット精油が高価であることから、主成分のリナロールを混入した合成偽和品も出回っているようです。ベルガモット精油中のリナロールは(*R*)-リナロールが一〇〇%であり、(*S*)-リナロールは存在しておりません。しかし、合成リナロールは*R*-体と*S*-体の等量混合物です。したがって、ベルガモット製品中のリナロールの鏡像異性体分析をすることによって、真正の天然ベルガモット精油か、あるいは合成の偽和精油であるかの判定が可能となります。

(R)-リナロールと(S)-リナロールとの割合はカンキツの種類によって大きく異なります。ユズはベルガモットの特徴に近似しており、(R)-リナロールの割合が九九%で、(S)-リナロールの割合がきわめて低いことが他のカンキツ類とは際だった特徴をもっています。このような事実から、ユズ精油製品の天然品と合成品の判別に、鏡像異性体分析がきわめて有用な情報を提供することがわかります。真正ユズ精油の判別に、リナロールの鏡像異性体分析をすることにより、(S)-リナロールの割合が高ければ、合成リナロール、もしくは他の種類のカンキツ精油が添加されていることになります。このように偽和分析および品質管理分析にこの分析法は有用であると考えられます。

以上、本章では、将来ユズ精油の高品質化、ブランド化の保証が求められるとき、真正か偽和かということが問題となることが予測されます。もちろん精油だけにとどまらず、食品全体にもいえることです。従来の食品分析法とは異なる次元の分析法が必要と思われます。現在、世界最高品質のベルガモット精油を維持するレッジョカラブリアの取組みの事例は、世界に飛躍しようとするユニークな香りをもつユズ精油の事例に重ねることができるのではないかと考え、ここに紹介いたしました。

六章　精油の機能性

カンキツ果皮には精油をはじめ、健康に有用な成分が多く含まれています。ビタミンCは二〇〇～三〇〇ミリグラム／一〇〇グラムと果汁の五～七倍多く含まれています。ビタミンEはユズ果皮で約七ミリグラム／一〇〇グラム含まれています。この他、ルチンやヘスペリジンなどのフラボノイド類、植物性ステロイド類も多く含まれています。これらの成分は抗酸化作用により、過酸化物や活性酸素を消去して、発ガン性因子を不活性化したり、脳卒中・脳溢血の防止や血圧降下作用に深く関係しています。植物ステロイドのβ-シトステロールは脱コレステロール薬として臨床的に使用されていますが、ユズ果皮に約一六ミリグラム／一〇〇グラム含まれています。最近、カンキツ類のみに存在するタンゲレチンというポリメトオキシフラボノイドが、ガン細胞の増殖・転移を防止する効果があるという報告がなされています（Kawai ら、一九九九）。また、カロテノイドの一種のβ-クリプトキサンチンには、発ガンプロモーションの抑制効果があり、マウスを使った実験で皮膚ガンの発生抑制効果が認められています（矢野、一九九九）。漢方でミカンの果皮を乾燥させた「陳皮（ちんぴ）」が使用されてきたのも、このようにカンキツ果皮には種々の薬理効果あるいは生体機能調節成分が多く凝縮されていることによるためと考えられます。

精油には二つの機能性があります。一つは芳香機能です。人間をはじめ動物は本能的に芳香を発するものに惹かれ魅了させられます。これはいい香りをかぐことにより、快い刺激を受け、生理的に好ましい効果をもたらすためと考えられます。すなわち、芳香は気分をリラックスさせたり、眠りを誘ったり、逆に興奮させたり、食欲を増進させる効果があります。また、いい香りを嗅ぐことは免疫系を亢進させることが報告されています。このため私たちは動物的感覚で自己防衛本能に基づき無意識的に芳香を好んで受け入れようとする行動に出るのではないでしょうか。もう一つの機能性は生理・生化学的機能です。芳香が直接の引き金ではないのですが、精油自身がもっている抗酸化能、抗菌性、消臭性、防虫効果、あるいは疾病予防やガン予防などの効果です。

芳香機能については、すでにこれまでに述べてきました。芳香のもたらす生理的機能についてはアロマテラピーの分野と関連しますので、第七章で述べることとし、この章においては、精油の生化学的機能を中心に紹介します。

一、抗酸化能

私たちが生命活動を行うために必要なエネルギーは、呼吸により酸素を取り込み、食べ物の食品成分（たとえば、ブドウ糖）を最終的に二酸化炭素と水に酸化分解します。

$$ブドウ糖 + O_2 \longrightarrow CO_2 + H_2O + 340\ \mathrm{kcal}$$

このとき生成するエネルギーがあらゆる生命活動で必要な有機エネルギーとして利用されるのです。この反応はいわゆる植物が行う光合成の逆反応に相当します。光合成で利用された光エネルギー（無機エネルギー）は植物によって有機物の中に蓄積されるのです。動物は植物が生産した有機物を体内に取り入れ、酵素の働きにより酸化分解します。このとき、動物が利用可能な有機エネルギーが産生し利用されるのです。つまり、動物が直接利用できない無機エネルギーを植物はこの地球上で最初に有機エネルギーの形に変換することにより、動物に食べ物として提供しています。食物連鎖は植物が太陽エネルギーを光合成で有機物として蓄えるところから始まります。

炭水化物と同様に、油脂の構成成分である脂肪酸も酸化分解を受け、エネルギーを産生します。脂肪酸の中には、不飽和結合を有する脂肪酸も存在します。たとえばリノール酸やリノレン酸といわれる脂肪酸は別名ビタミンFともよばれ、アテローム性動脈硬化症（もっとも多い動脈硬化症で、動脈の内膜にコレステロールなどの脂肪からなるドロドロの粥状物質がたまって粥状硬化斑ができ、次第に肥厚することで動脈の内腔を狭める症状）や脳卒中、脳溢血の予防に重要な成分です。ところがこのような脂肪酸は不飽和結合を持っているために、酸素を過度に取り込み、過酸化物となりやすいのです。

$$-CH=CH-CH_2-CH=CH- \quad + \quad O_2 \longrightarrow -CH=CH-\underset{\displaystyle OOH}{\underset{|}{CH}}-CH=CH-$$

不飽和脂肪酸　　　　過酸化物

過酸化物は強い酸化力をもっていますので、正常な生体成分（たとえば、タンパク質や遺伝子など）も酸化分解し、このため種々の疾病、障害を引き起こす原因となるのです。したがって、生体防御機構において、生体機能を正常に維持する成分を酸化から守るために、酸化防止の役割を果たす物質、すなわち抗酸化性物質の存在が必要になります。

合成抗酸化性物質であるBHT（ブチルヒドロキシトルエン）、BHA（ブチルヒドロキシアニソール）、没食子酸プロピルなどは食品添加物として使用されています。天然抗酸化性物質として、アスコルビン酸（ビタミンC）やトコフェロール（ビタミンE）が代表的なものですが、近年、ハーブ、野菜類、果実類、種子類、スパイス、緑茶、穀物類などの様々な天然物の中に抗酸化能をもつ物質が見出されてきています。

カンキツ精油にも抗酸化能が期待されます。そこで二八種類のカンキツ精油について不飽和脂肪酸であるリノール酸を基質としたロダン鉄法により抗酸化能を調べました。その結果、いずれの精油も抗酸化能を有していますが、精油の種類により抗酸化能の強さが異なります。抗酸化能の程度により、次の三つのグループに分類することができます。抗酸化能のもっとも強い第一グループは九〇％以上の相対的抗酸化能を有しており、ユズ、レモン、ハッサク、スダチ、モチユ、ユコウ、オレンジ（タロッコ）などでありました。第二グループは七〇％以上の抗酸化能を有するもので、ベルガモット、ヒュウガナツ、ライム、土佐ブンタン、ナツダイダイ、ザダイダイ、オレンジ（バレンシア）、イヨカン、温州ミカン、ポンカン、キンカンなどの精油です。第三グループとしては抗酸化能が四九～六〇％で、グレープフルーツ、カブスなどの精油でありました。これらの結果から、カンキツ精油はすべて程度の大小はありますが、抗酸化能を有しています。

この中でもとくにユズ、スダチ、モチユなど香酸カンキツは高い抗酸化能を有しています。

精油成分の抗酸化能をみると、リモネンをはじめ、α-ピネン、β-ピネン、ミルセン、α-テルピネン、γ-テルピネンはいずれも強い抗酸化能を有していました。これらの化合物はいずれも分子内に二個以上の二重結合を有しており、これらの不飽和結合がリノール酸の酸化防止に関係しているのではないかと考えられます。

二、ラジカル消去能

生体における異常酸化を引き起こす物質は過酸化物のみならず、それらの酸化物ラジカルも強力な酸化分解の原因となります。

$$\underset{\text{過酸化物}}{ROOH} \longrightarrow \underset{\text{過酸化物ラジカル}}{ROO\cdot} + \underset{\text{水素ラジカル}}{\cdot H}$$

このラジカルは活性酸素などによって生成されます。過酸化ラジカルは非常に反応性が高く、次々と生体成分を反応に巻き込み、ラジカル化していきます。ラジカルというのは非常に不安定な状態ですので、他の分子から電子を引き抜いて、自分自身は安定化しようとするのですが、一方、相手分子は電子を一個引き抜かれた状態で、ラジカルとなるのです。このラジカルはまた他の分子から電子一個を引き抜くというように、連鎖反応で反応が続くのです。このラジカルを消去できる物質が存在すれば連鎖反応は停止し、生体内の異常酸化反応は解消されるのです。したがって、食品成分の中にラジカル消去能を有する成分を多く含む食品は機能性食品として価値が高いことになります。ラジカル消去能を有する食品として、カロテノイドやフラボノイドを多く含む果実・野菜類、ハーブ類、赤ワイン、茶などがよく知られています。

カンキツ精油のラジカル消去能を調べた結果、いずれの精油も消去能をもっていることがわかりました。カンキツ精油でも比較的高いラジカル消去能を有している精油はレモン、ライム、スダチ、ユコウ、ユズでありました。種類が同じでも品種が違うと消去能も異なるようです。ライムではタヒチライム（一〇〇グラム前後の大果系品種）がメキシカンライム（三〇～五〇グラムの小果系品種）よりも強く、またレモンではユーレカレモン（レモンの主流品種）がリスボンレモン（耐寒性があるため日本で比較的多く栽培されている品種）よりも強いラジカル消去能を示しました。ユズと無核ユズ（種なしユズ）では、ユズのほうが二倍近く、ラジカル消去能が強いようです。

抗酸化性物質というのは、それ自身のもつ電子を不安定なラジカル物質に供与することによって他の物質のフリーラジカルを解消する働きをもっています。フリーラジカルが生成する要因は日常生活のいたるところにも存在します。たとえば、タバコの煙、大気汚染物質、農薬、過度の日光暴露によっても生成します。フリーラジカルは免疫系の破壊や老化促進にも影響を及ぼします。Crowell や Gould（一九九七）は、乳ガンや肝臓ガン、その他のガン治療に、植物精油成分であるリモネン、カルベオール、ペリリルアルコールのようなテルペノイドが有効であるという報告を行っています。このことは、ユズも含めてカンキツ精油には、フリーラジカルに起因する疾病・障害に対する天然の防止剤としての働きがあるのではないかと考えられます。したがって、カンキツ精油は非常に生理活性が高く、抗酸化剤あるいはラジカル消去剤として私たちの身体において何らかの働きをしているものと期待されます。

三、ニトロソジメチルアミンの生成および抑制

N-ニトロソジメチルアミン（NDMA）は強い発ガン性物質で、とくに消化器系のガン、肝臓ガン、膀胱ガンなどを誘発することが知られています。NDMA は以下の反応式に従って、ジメチルアミンと亜硝酸の存在で、酸性条件下で生成されます。

$$(CH_3)_2NH + HNO_2 \longrightarrow (CH_3)_2N\text{-}NO + H_2O$$

ジメチルアミン　亜硝酸　ニトロソジメチルアミン　水

ジメチルアミンと亜硝酸は、実は食べ物に由来します。野菜中には、肥料由来の硝酸塩が多く含まれていますが、その硝酸塩は体内に吸収された後、唾液に移行し、口腔内細菌より産生される硝酸還元酵素によって還元されます。図16のように私たちは一日の平均的食事から唾液を含めて約一八ミリグラムの亜硝酸を取り入れています。欧米人では約一一ミリグラムですので、日本の食事がいかに野菜中心の素材から構成されているかを表していると思います。一方、アミン類は、畜肉、魚肉などの肉類およびハム、ソーセージなどの肉加工品に普遍的に存在しています。また、私たちは加工肉や、タバコの副流煙から直接ニトロソジメチルアミンを体内に取り込む場合も考えられます。肉類と野菜を同一の食事で摂取することは、洋の東西を問わず、一般的でかつ健全な組み合わせの食事とされてきました。しかしながら、これらの食べ物を同時に食べ、口の中でよく咀嚼し、唾液と十分混ぜ合わせたあと、酸性の強い胃に送り込むことは、ニトロソジメチルアミンの生成反応条件からみれば、きわめて好都合であります。それにもかかわ

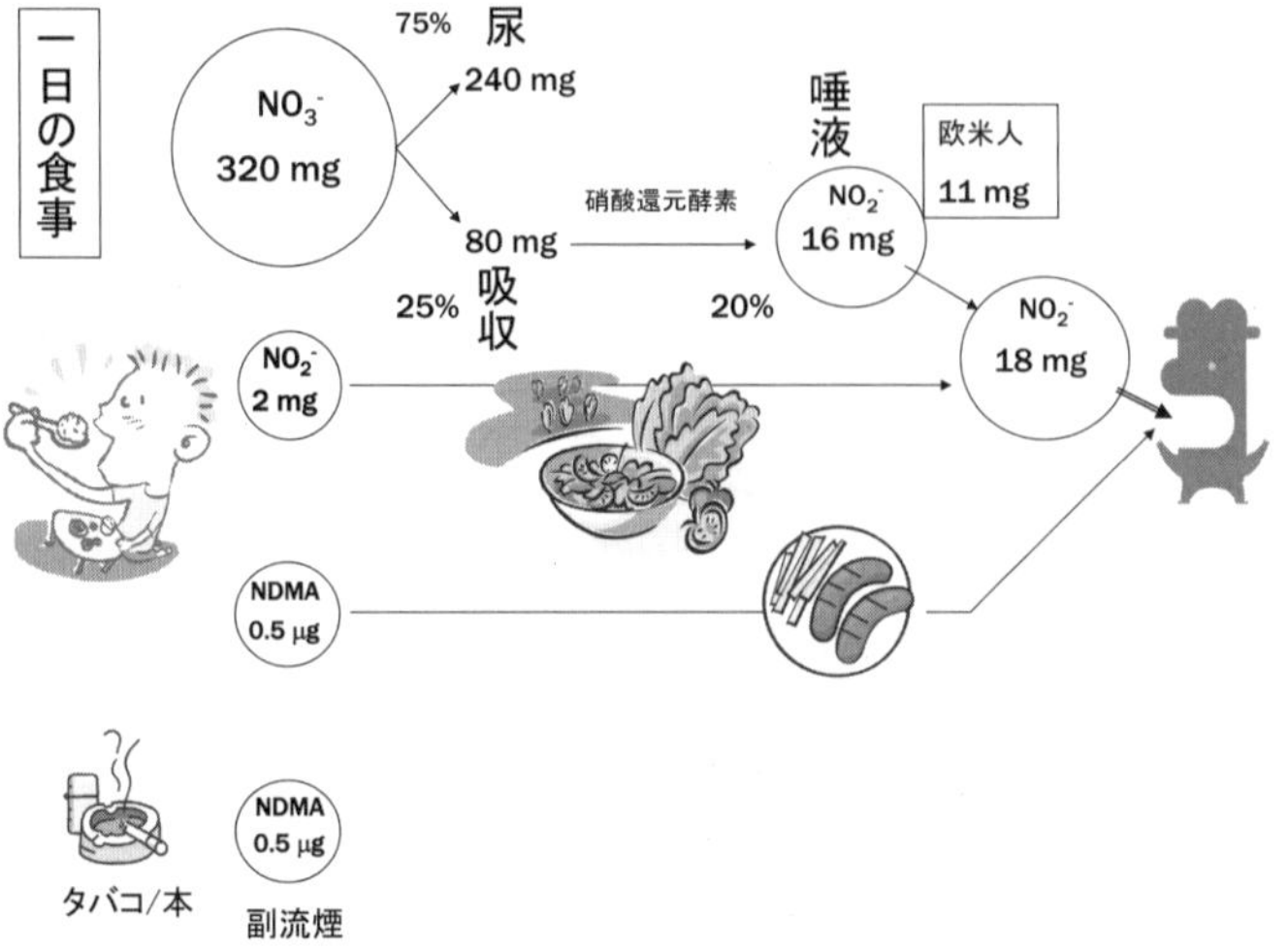

図16　硝酸塩および亜硝酸塩の一日摂取量
WHO／FAO による体重１kg当たり一日許容量：硝酸塩3.7mg、亜硝酸塩0.6 mg

らず、日本でガンの罹患率は〇・四〜〇・五％（二〇〇〇年）ですので、一、〇〇〇人に四、五人と統計学的にはきわめて低い確率であります。このように日常的にガン発生要因の攻撃を受けているにもかかわらず、ほとんどの人がガンにならない事実は、ニトロソジメチルアミンの生成を抑制する効果をもつ成分が、食べ物に含まれているためであります。その代表的な成分としてビタミンCやビタミンE、フラボノイド類、尿酸などが知られています。これらは動物実験および人に対する試験もなされた結果であります。

カンキツ果実は、そのまま生食されたり、ジュースとして飲用されたり、

表8　カンキツ精油のニトロソジメチルアミン生成反応の抑制に及ぼす影響

抑制率	カンキツ精油
70%以上	ユズ、モチユ、ユコウ、ウジュキツ、イヨカン、ポンカン、温州ミカン（早生）、ベルガモット（ファンタンスチコ種）、キンカン
69〜30%	スダチ、無核ユズ、ダイダイ、レモン、ライム、夏ダイダイ、温州ミカン（普通）、ヒュウガナツ、オレンジ（バレンシア）、グレープフルーツ、イーチャンレモン、ベルガモット（バロチン種）
30%未満	ザダイダイ、ハッサク、オレンジ（タロッコ種）、オオユ

料理に添えられているユズやレモンを絞って料理に振りかけたり、あるいはポン酢として使われるなど、必然的にカンキツ精油が飲食物と共に摂取されている状況が日常的に存在します。では、カンキツ精油がニトロソジメチルアミン生成反応を抑制する効果はあるのでしょうか。そこでユズ、スダチ、カボス、レモン、温州ミカン、オレンジなど身近なカンキツ類二八種類についてそれら精油のニトロソジメチルアミン生成抑制効果を試験管レベルで調べてみました。その結果、表8に示すようにほとんどのカンキツ精油がこの反応を抑制することが見いだされました。中でも強い抑制効果を示すカンキツ精油は、ユズ、ウジュキツ、モチユ（別名、スミカン）などで、ニトロソジメチルアミンの生成を八〇%以上抑制する効果がみられました。このことから、とくに香酸カンキツ類の精油で抑制効果が高く、料理などによく使用されることを考えると、古来、世界の国々でユズ、スダチ、カボス、ダイダイ、レモン、ライム

などを料理に添える食習慣を生み出した人間の知恵にあらためて敬服します。

四、精油成分のニトロソジメチルアミン生成抑制

これまでの研究結果から、すべてのカンキツ精油がニトロソジメチルアミンの生成抑制効果があることが明らかとなりました。このことはカンキツ精油を構成する成分がこの抑制反応に関わっていると考えられます。カンキツ精油の構成成分のほとんどはテルペン炭化水素およびその含酸素化合物であることを考えると、これらの成分に抑制効果が見出されるはずです。私たちの研究結果から、とくにテルペン炭化水素のミルセン、α-テルピネン、テルピノレン、γ-テルピネン、そしてテルペンアルコールであるリナロールなどに強い抑制効果が認められました。これらの成分はユズ精油にも多く含まれています。このようなことから、ユズを含めてカンキツ精油に発ガン性物質のニトロソジメチルアミンの生成を抑制する効果があり、そしてその効果はモノテルペン化合物に起因することが明らかとなりました。

五、ニトロソジメチルアミンの生成抑制機構

ニトロソジメチルアミンの生成機構について簡単に触れておきます。先に説明しまし

たニトロソジメチルアミン生成反応式において、ジメチルアミン分子中の窒素（N）原子は一対の孤立電子対をもっています。これにプラスに荷電された亜硝酸イオン$[NO_2]^+$が求電子置換を行い、ニトロソジメチルアミンが生成されます(注)。この反応系にジメチルアミンのような電子密度の高い他の化学種が存在すると、ジメチルアミンとの競合反応となり、ニトロソジメチルアミンの生成率は低下します。カンキツ精油中の成分は、電子密度の高い不飽和結合（二重結合）を一つ以上含む化合物（たとえば、リモネン、α-テルピネン、β-テルピネン、テルピノレン）が一般的です。したがってこれらの化合物とジメチルアミンとの競合反応が生じているものと考えられます。この反応機構はα-テルピネンを使って立証しました。すなわち、ニトロソジメチルアミンと亜硝酸の反応系にα-テルピネンを添加することにより、ニトロソジメチルアミンの生成量は激減し、α-テルピネンへの亜硝酸の付加物に相当する物質が観察されています

(注)　窒素原子の周りには化学反応にあずかる電子が五個あります。ジメチルアミンにおいて、窒素原子は、二個のメチル基（CH_3-）と一個の水素（H-）との結合に三個の電子が使われています。したがって、残りの二個の電子は結合にあずからず、フリーの状態で存在しています。このような原子上の二つの電子を孤立電子対とよびます。孤立電子対をもつ状態というのはその原子において電子が余っている状態ですので、電子密度が高くなっています。この状態の原子は、電子が不足している原子や陽イオン種（求電子体）があれば、容易に反応をするのです。

（Sawamura ら、二〇〇五）。

六、ユズ精油の生体液におけるニトロソジメチルアミン生成抑制

ユズ精油がニトロソジメチルアミンの生成抑制に強い効果を示すことが明らかとなりました。次に、実際の食事において、口腔中で野菜汁液と唾液とユズ精油が混在する状況が想定されます。野菜汁液としてキャベツ、白菜などの葉菜類八種類、ニンジン、タマネギなどの根菜類六種類、キュウリ、トマトなどの果菜類七種類、ミント、タイムなどのハーブ類八種類、そしてシイタケ、シメジのキノコ類二種類を被検試料としました。その結果、野菜の種類によって、ニトロソジメチルアミンの生成量は異なりますが、全体的に、唾液があってもなくても、ユズ精油により、ニトロソジメチルアミンの生成量は著しく抑制されることを明らかにしました。したがって、おそらく、実際の食事においても、ユズ精油を同時に摂取することにより、胃の中でのニトロソジメチルアミンの生成が抑制されるものと考えられます。

七、テルペン化合物とガン抑制効果

これまで述べてきたように、カンキツ精油に抗酸化活性および発ガン性物質の生成抑

制効果のあることが示されてきています。そしてカンキツ類の中でもユズ精油は芳香機能性ならびに生理的機能性の高い精油であることが裏付けられてきました。このような機能活性を示すのはテルペン化合物であります。テルペン化合物の研究の歴史は古く一世紀以上前から、種々の薬理学的作用を有することが明らかにされております。最近は、テルペン化合物の研究の新たな展開として、ガン抑制効果に関する研究が世界的にも関心が寄せられてきています。たとえば、ユズ精油の主成分であるリモネンは、乳ガン、肺ガン、胃ガン、皮膚ガンの抗ガン活性をもつことが報告されています（Crowell; Nakaizumi ら、一九九七）。また、膵臓ガン細胞の増殖抑制にリモネン、ゲラニオールおよびファルネソールが効果のあることが報告されています（Burke, 一九九七）。ゲラニオールもユズ精油そしてカンキツ精油に広く存在している化合物であります。これらの化学的抗ガン効果は、テルペン化合物が直接、ガン細胞の分化・増殖抑制に作用したり、ガン増殖関連酵素の活性を阻害することによると考えられています。

一方、肝臓、小腸、大腸などの臓器の細胞に存在するペプチドの一種であるグルタチオン-S-トランスフェラーゼという酵素は、発ガン性化合物をグルタチオンという水溶性の高い化合物で修飾する作用をもつ酵素です。グルタチオンが付加された物質は、水溶性が高まり、容易に体外に排泄されやすくなります。したがって、グルタチオン-

S-トランスフェラーゼ活性を高めてやることは、発ガン予防に有効であると考えられています。この酵素を活性化する物質として、ユズおよびカンキツ全般に含まれているリモネンやカルボンであることが動物実験で確かめられています（Zheng，一九九二）。

八、ユズ精油と抗アレルギー効果

気管支喘息、花粉症、アトピー性皮膚炎、食物アレルギーなどのアレルギー疾患のいずれかの症状がある人は国民の約四割で、アレルギー疾患は国民病ともいえる状況です。アレルギー疾患が増加した原因・背景として、花粉飛散量の増加、衛生的環境の整備（予防接種の普及、寄生虫感染の減少）、食生活の変化・家屋環境の変化、都市生活環境の変化など生活環境要因の影響が大きいといわれています。

現在、アレルギー疾患に対して有効な治療法はなく、また自然界に存在するアレルゲンを除去することやその暴露を完全に防止することは現実的に困難であるので、発症する以前の幼少期や出生以前から何らかの有効な方法を用いて発症を阻止することが求められています。アレルギーの病態は、繰り返し抗原に暴露されることにより、感作抗原に対する免疫細胞の応答が優位になった結果と考えられています。

食生活の面からは、アレルギーを対象とした機能性食品による免疫機能改善で症状を緩和させたり、症状の出現を抑制したりする研究や商品も数多く存在しています。カンキツ類は食用として利用されている一方で、古来より民間療法生薬など薬用としても用いられています。その効能としては、消化器系に対する作用や抗アレルギー作用が知られています。カンキツ精油は、精油蒸気として鼻孔からの吸入や、飲食物として消化器官からの吸収、あるいは皮膚から吸収などによって血中に取り込まれます。

寄生虫やウイルスに感染しますと、その病原体を駆逐する防御機能が作動します。その機能として、IgE（免疫グロブリンE）という特殊な抗体が作られたり、白血球の一種である好酸球が活性化され集まってきて、殺虫タンパクや活性酸素を放出したりします。しかしながら、アレルギーを引き起こすアレルゲン（たとえば、花粉やほこり）が体内に侵入するとこの防御機能が強すぎるため、逆に体内にダメージを与えてしまいます。アレルギーのおこるメカニズムはまだまだ不明な点が多いのですが、IgEと肥満細胞（炎症や免疫反応に関係する細胞）が結合して作り出すヒスタミンやロイコトリエン（いずれも化学伝達物質のひとつで、アレルギー症状をもたらす物質と考えられていま す）によるアレルギー性鼻炎や気管支喘息がよく知られています。このような抗原―抗体反応の機構から考えていきますと、たとえば、精油のアレルギー抗原に対する好酸球の活性化が抑制されることが観察されれば、症状の緩和あるいは防止につながることが期待されます。中村らの研究グループ（高知大学医学部）はユズ、カボス、ナオシチ、ナツダイダイ、レモンの精油について、動物培養細胞を用いた実験系で、好酸球の活性化に及ぼす影響を調べました。その結果、いずれのカンキツ精油でも好酸球の活性化によるアレルギー炎症を抑制し、また細胞性免疫を増加させる作用があることを明らかにしています。さらに、好酸球の活性化は活性酸素の産生とも関係していますが、これらのカンキツ精油、なかでもユズ精油はもっとも強く活性酸素分子そのものの消去作用があることが示唆されています。

以上のように、ユズを含めてカンキツ果実は、芳しい香りでもって私たちの気分をリフレッシュさせると同時に、多様な機能性成分を含む食品であることが解明されつつあります。今後は、医薬の分野からも、カンキツ精油またはテルペン化合物を化学療法の一つとして、ガンを含めた疾病の予防に応用する研究がさらに展開していくものと期待されます。

七章　ユズ精油のアロマテラピー

日本にアロマテラピーが初めて紹介された一九八五年以来、二〇年以上経ちます。今や、日本でのアロマテラピーは幅広い底辺の広がりをみせ、家庭、オフィス、ホールや医療現場でも実践されております。植物精油の中でも、カンキツ（シトラス）系精油はもっとも一般的な精油の一つです。商品化されているカンキツ系精油は、果皮精油としてオレンジ（スイートとビター）、マンダリン、グレープフルーツ、レモン、ライム、ベルガモットです。この他、ビターオレンジの花および葉からの精油はそれぞれネロリ、プチグレンです。これらカンキツ系精油を含めて日本のアロマテラピー市場の主要な精油はほとんどが外国産の精油です。日本産の精油として以前からあるのはヒノキとヒバぐらいではないでしょうか。日本人がこれからさらにアロマテラピーに親しみをもつとすれば、日本人に古来、馴染みの深い和精油がより身近な存在になることが必要であると考えます。和精油の中でも、歴史的にも、また香りのインパクからも、そして学術的な研究量から考えても、まずユズ精油が日本を代表する精油であるということをこれまで国内外の学会などを通して紹介してきました。昨今のユズブームのきっかけにもなったのではないでしょうか。このような傾向を見逃すことなく、アロマテラピー市場にもユズ精油製品が登場しはじめています。また、海外においてもフランス、イギリス、アメリカのフレーバーやアロマテラピー関係者からもユズについて関心が寄せられています。写真8(注)はフランスのドゴール空港で販売していたユズのインセンスです。海外ではすでに"YUZU"が通用しています。このように国内外でユズは注目されてきておりますので、今後、必要なことは、アロマテラピー用の精油としての品質と効果に対するエビデンスだと思います。ユズ精油もその他のカンキツ精油と同様の成分組成から、すでに他の種類で立証されているカンキツ精油の効能が延長線上にあると考えられます。しかし一方ではユズ精油の直接の効果に

写真8　ユズのインセンス（パリのドゴール空港にて）
4箱並べると"YUZU"とそろいます。

（注）写真の果実はユズではなく *Citrus hystrix* と思います。日本では通称、コブミカンと称されています。タイのトムヤン料理の独特のフレーバーはこのカンキツの葉の精油に由来します。ユズの実体までは欧米人にはまだ認識されていないことの表れでしょうか。

関する実験データも必要です。このような視点から、筆者はアロマテラピスト、医師と共同研究を行い、ユズ精油に関する基礎的研究を試みています。そのいくつかの研究例を紹介します。

一、ユズ精油の自律神経系に及ぼす影響

ユズ精油の脂肪組織交感神経活動に及ぼす影響について調べました。以下は熊谷らが日本薬学会（二〇〇八年三月）で発表した内容です。グレープフルーツとレモン精油では、これまで交感神経活性作用が認められており、その主な作用成分は約九〇％存在するリモネンと考えられています。ユズ精油の交感神経活動に与える匂い刺激の影響についてはこれまでに研究がなされておりません。そこで、以下の点について実験を行いました。

①ユズ精油の匂い刺激がラット肩甲間褐色脂肪組織交感神経活動に与える影響
②ユズ精油のラット副睾丸白色脂肪組織交感神経活動に与える影響
③脂肪組織交感神経活動に基づく脂肪分解および熱産生に与えるユズ精油の影響

①および②の実験において、ユズ精油を水で一〇%、一%、〇・一%に希釈したそれぞれの懸濁試料液を調製し、肩甲間褐色脂肪組織に匂い刺激を与えて交換神経に及ぼす影響を調べました。その結果、これまでのグレープフルーツの結果と異なる結果が得られました。すなわち、褐色、白色いずれの脂肪組織においても、精油濃度が〇・一%では交換神経活動を促進し、それぞれ、コントロールの三・八倍、一・四倍に達しました。これは体温上昇および血漿脂肪酸濃度の上昇も同時に観察されました。一方、一〇%、一%の精油水溶液の場合は、逆に交換神経活動を抑制しました。この場合、体温上昇および血漿脂肪酸濃度は低下することも同時に観察しました。ユズ精油の一〇%および一%液ではグレープフルーツの効果とは逆で、交感神経系の抑制による脂肪分解系の抑制効果をもつことが見出されたのです。この効果はラベンダー精油とも同様の効果を示すもので、ユズ精油中のリモネン以外の成分、おそらくリナロールの効果によるものではないかと推測しています。また、この実験結果から、ユズ精油では希釈が一〇%を下らなければ、交換神経系の抑制すなわち、副交感神経の活性化に寄与することが示唆されます。この点においてはラベンダーと同様の挙動を示すものと考えられます。

二、ユズ精油のヒト自律神経系に及ぼす影響

ユズ精油のヒトの自律神経系に及ぼす影響について深田（高知医療センター）らと検討をしています。ユズ精油を被験者に一日二回、静寂な生理検査室において吸入してもらい、血圧および心電図測定を行いました。比較のためにラベンダー精油による影響も同時に調べました。ユズ吸入およびラベンダー吸入ではいずれも急性効果として血圧に変化を与えない状態で脈拍を減少させる効果のあることが示されました。ラベンダーによるこの効果は心電図の結果から、交感神経活動の抑制を介している可能性があることが考えられました。一方、ユズの脈拍減少効果のメカニズムについては、自律神経系の関与は心電図の結果からは不明であり、今回の実験では明らかにできませんでした。しかし、ユズ精油に脈拍を減少させる効果が観察されたことは今後注目すべき事実と考えられます。

三、ユズ精油のヒト睡眠に及ぼす影響

手術前の入院患者は一般に緊張状態にあり、ストレス度も高いことが知られています。このような患者に対する精神的ストレスを香りにより少しでも緩和することができれば、

アロマテラピーが補助医療として有効であると考えられます。手術前の入院患者を三群に分け、対照群、ユズ精油群、ラベンダー精油群としました。手術前日の睡眠の状況について聞き取り調査を行い、統計的に判定を行いました。その結果、「入眠のしやすさ」について、対照群よりも、ユズ精油およびラベンダー精油群において眠りやすいとした回答が有意に多いことがわかりました。また、翌朝の目覚めの気分についても、対照群に比べて、ユズ精油およびラベンダー群において、気分がよかったという回答が得られております。

血中コルチゾール濃度を測定したところ、前日、眠りが困難であった者は吸入精油の有無と種類にかかわらず、いずれもコルチゾール濃度が高いことがわかり、コルチゾール濃度とストレス度との相関が観察されました。また、翌朝の被験者のコルチゾール濃度は対照群でもっとも高く、ユズ群およびラベンダー群で低いことがわかりました。

このような実験から、ユズ精油が自律神経系に何らかの作用をし、副交感神経活動の効果をもたらすものと考えられます。

四、ユズ精油中のベルガプテン含量

ソラレン類のような不飽和結合を有する多環式分子は、紫外線エネルギーを分子内に

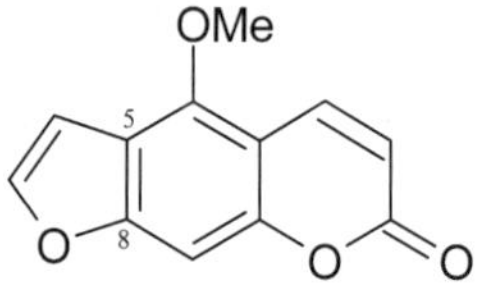

図17　ベルガプテンの構造式

蓄積し、放出する性質をもっています。このため、皮膚に高濃度のソラレン類が付着した状態で紫外線を受ければ、発生するエネルギーにより皮膚に障害を与え、痒み、紅斑、炎症、色素沈着などの症状を起こすことが知られています。ベルガプテンはベルガモットから始めて単離されました。ベルガプテンの化学構造は図17に示すように、クマリン骨格にフラン環が結合したフラノクマリン誘導体、すなわちソラレン誘導体です。ソラレンにメトキシル基が五の位置に結合した五-メトキシソラレンがベルガプテンであり強い光毒性を示します。このほか、八の位置に結合した八-メトキシソラレンも同様に光感作を有するがその作用はベルガプテンよりも低いと報告されています。このためアロマテラピー分野では、IFRA（International Fragrance Association）が精油中のベルガプテン濃度の許容限界を一五ppm以下と定めています。フラノクマリン誘導体はセリ科、ミカン科、クワ科などの植物に分布することが知られています。ミカン科カンキツ属において、ベルガモットやレモンはベルガプテンを多量に含んでいますが、一方、マンダリンやオレンジなどは微量かまったく含まれていません。多くのカンキツ類でベルガプテン濃度が報告されていますが、ユズをはじめとする和カンキツ類に関してはほとんど報告がなされておりません。また、産地や品種、抽出方法によっても濃度が異なることが考えられます。このようなことから、ユズ精油中のベルガプテン含量の分析を行いました。その結果、蒸留油ではまったくベルガプテンは検出されませんでした。圧搾油でも多くのユズ精油ではベルガプテンは微量か不検出でありました。一〇ppm以上のベルガプテンが検出された試料もあり、ベルガプテン含量は産地によって異なることが示唆されました。今回分析した試料では、日本産ユズ精油でベルガプテン含量がIFRAの基準値を超える試料はありませんでした。

五、ユズ精油組成の経時的変化

一般に植物精油はテルペン化合物からなります。テルペン化合物はその化学構造の上から、不飽和結合を有し、異性化、付加、置換、重合、加水分解などの反応性が高く、組成変化を起こしやすい性質があります。このため、精油の品質管理にも注意が必要と思います。

ユズ精油（圧搾油）を三〇℃、五℃、マイナス二一℃の各温度で一年間貯蔵し、組成の経時的変化を追跡しました（Njorogeら、一九九六）。図18に、主要成分であるモノ

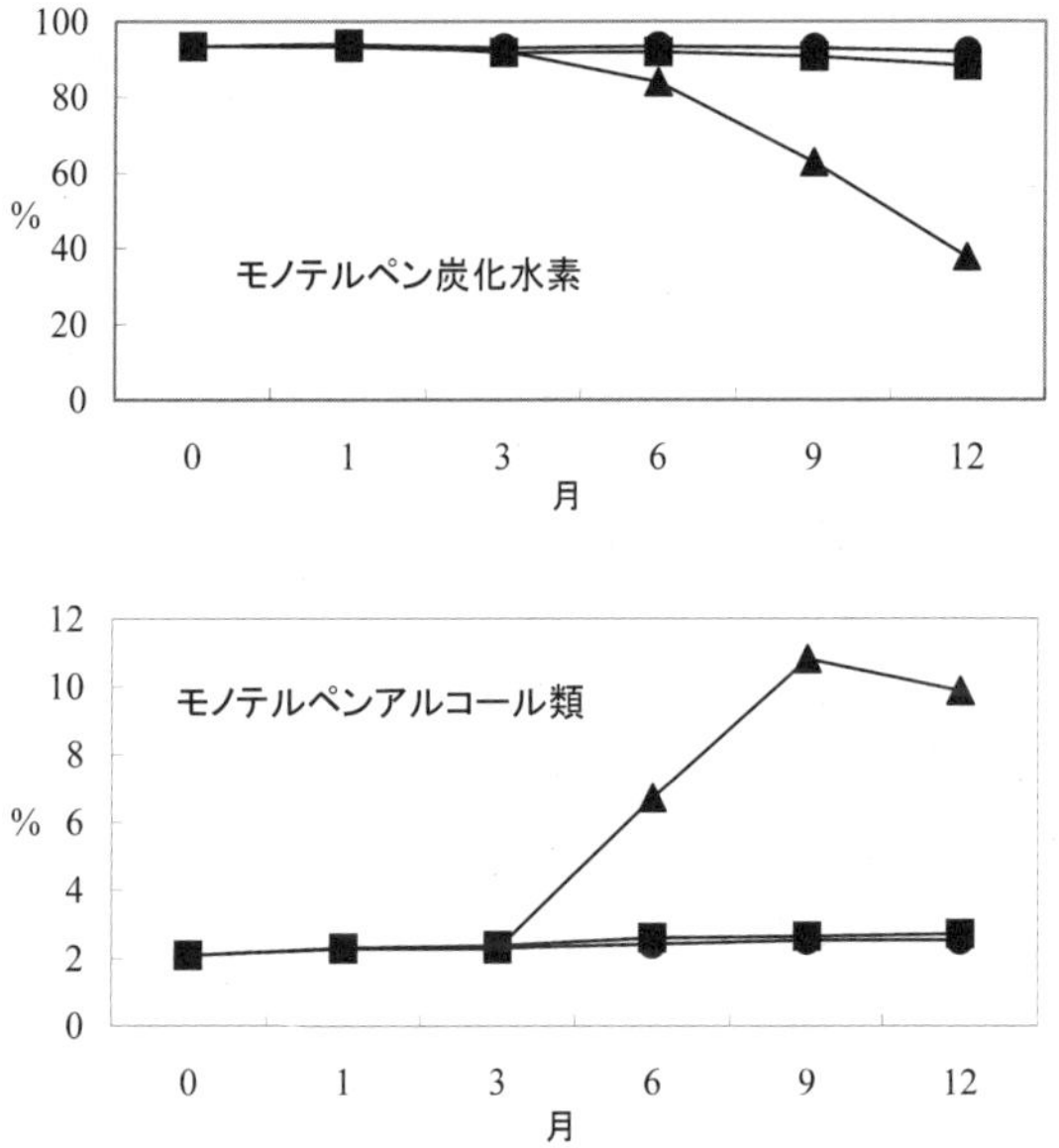

図18　貯蔵中のユズ精油成分の変化
▲：30℃、■：5℃、●：−21℃

テルペン炭化水素類とモノテルペンアルコール類の経時的変化を示します。いずれの温度でも三か月以内であれば、大きな変化はみられません。しかし、三〇℃貯蔵の場合、三か月以降、急激に組成変化が起こっています。リモネンを主体とするモノテルペン炭化水素が著しく減少し、一方、モノテルペンアルコール類の増加がみられています。おそらく、炭化水素に水が付加することによって、アルコール類が増加したものと考えられます。この研究を通して私た

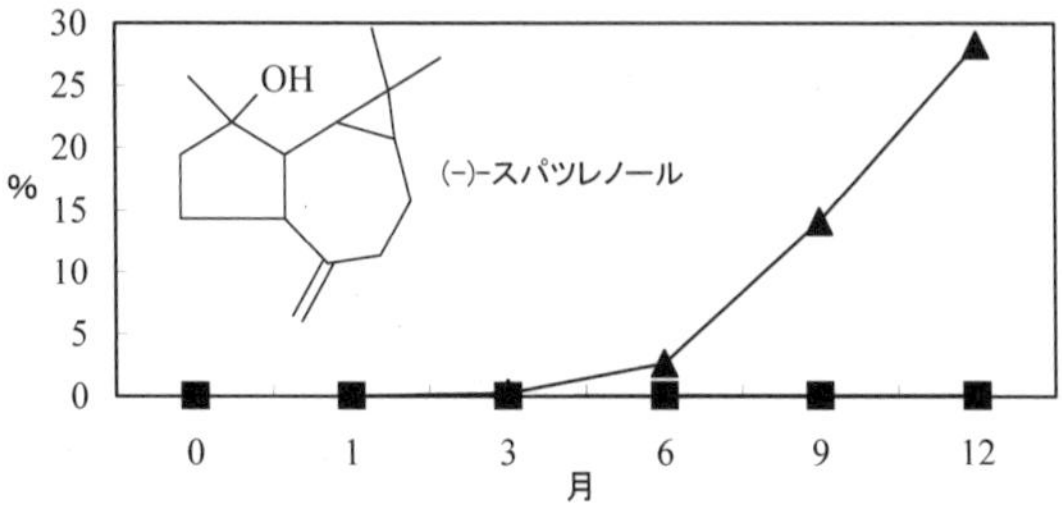

図19　ユズ精油貯蔵中のスパツレノールの変化
▲：30℃、■：5℃、●：−21℃

ちはユズ精油から初めて(-)-スパツレノールという化合物を発見しました。セスキテルペンアルコールの一種です。この化合物は新鮮なユズ精油ではみられず、貯蔵によって生成されるいわゆるアーティファクト（人造物）です。図19に示すように、三〇℃で一か月以降からわずかに検出され、三か月を過ぎると急激に増加します。これは精油の貯蔵のみならず、果実の貯蔵においてもみられます。したがって、スパツレノールは、果実または精油の鮮度の判定の一つの指標になるのではないかと考えています。

以上のことから、ユズ精油の長期保管は、やはり五℃以下の低温で行うことが理想的であります。これはユズ精油に限らず植物精油一般にも共通していえます。とくに室温で三か月以上放置した精油は天然の組成からかなり変化しているおそれがあることを十分認識しておかなければいけないでしょう。

八章　海外のユズ事情

今日、ユズの商業的生産国は日本と韓国です。ユズの利用が世界的に広がることになれば、原料ユズとして、今後日本と韓国は国際市場での競争も視野に入れておかなければいけないでしょう。

一、韓国のユズ生産量と栽培面積

二〇〇六年度の韓国のユズ栽培面積は一、二四〇ヘクタール、生産量は一一、三五七トンです。一時、韓国が日本の生産量を上回った年がありましたが、その後、生産過剰により、ピーク時の六割程度に落ち込んでいます。しかし最近は日本のユズ需要の高まりとともに、徐々に生産量も増えてきているようです。韓国のユズ産地は済州島から朝鮮半島の南岸一帯で、主産地は全羅南道です（図14）。全羅南道は北緯三四～三五度ですので瀬戸内海周辺から静岡県とほぼ同じ緯度にあります。日本ではユズの北限が青森県です。済州島は福岡県とほぼ同じ緯度ですが、年間を通じて温暖ですので、ユズよりも温州ミカンが主力カンキツで、島全体にミカン畑が広がっています。品種は日本で育成された〃宮川早生〃や〃興津早生〃が主体です。

二、高興（こふん）

高興郡は全羅南道のユズ産地の中心地です。ここには国立果樹試験場、高興柚子公園、精油工場、柚子茶工場などがあります。この地を訪問したのは二〇〇七年一一月二二日でした。図20は高興柚子公園のパンフレットです。ユズの成分表、ユズの利用法、高興ユズの特性などが書かれています。カンキツ酢としての利用は見当たらず、やはりこの点の利用が日本と韓国の大きな違いです。国立果樹試験場を訪問したとき、収穫方法をみることができました。日本では、ユズ果実を一個一個手にとってハサミで切り取り、傷をつけないようにだいじに収穫していきます。ここでは、果実を地面に切り落としていきます。高いところは高バサミを使って地面に切り落としていました。

図20　高興（こふん）の柚子公園のパンフレット
表紙には、「魅惑的な『高興柚子』が貴方のそばにあります。」と書かれています。冊子には柚子果汁の成分表、薬理効果、利用法などが書かれています。

そのあと、地上に落ちているユズ果実を集め、コンテナに入れて、出荷するのです。果実のほとんどが落下にともなってあちこちに傷ができています。このような傷は腐敗の原因になりますので、直ちに柚子茶工場に出荷されています。収穫の手間は少なくてすみ、労務時間の短縮ができますが、傷があるため腐敗の進行が早く、短期の貯蔵さえできません。日本の場合は、たとえ果汁・加工用のユズ果実も丁寧に収穫されます。

写真9　ソウルの南大門市場の店頭にならぶユズ
20〜40円／個でした。

訪問した精油工場では、手作業でユズから精油をとっておりました。私が研究用に調製している図5の方法とまったく同じ方法を企業レベルで行っている状況を見たときは驚きでした。ソウルの香料会社に卸しているようですが、日本ではとても企業として成り立つ話ではありません。韓国のユズ精油に対する関心はまだ高くはないのではないかと、現場の状況から感じました。

写真9は一二月のソウル南大門市場の果物屋の店頭に積み重ねられたユズ果実です。このように

青果出荷される果実は、流通および保蔵、棚もち時間の経過がありますので、日本と同じように収穫は傷をつけないように丁寧になされたものと思います。このような青果は、自家製の柚子茶の製造に使用されるのではないかと思います。

三、柚子茶

韓国での柚子の利用は、ほとんどが柚子茶の原料として使用されます。柚子茶工場での製造工程を次に示します。

洗果 ― 半割 ― 搾汁 ― 選別 ― 切断 ― 調合 ― 瓶詰

搾汁機は日本と同じ原理で、二本の平行したキャタピラまたはベルトの間で果実が圧搾され搾汁と種子が除かれます。搾汁後の果皮は人手により、付着している種子や不良果皮が除かれます。このあと、幅五ミリメートル程度に切断され、調合槽の中で砂糖またはハチミツと等量の割合で混合撹拌され（写真10）、瓶詰めされます。使用する甘味料が砂糖かハチミツかは各製造会社によって異なります。ユズ茶の二〇〇六年度の輸出実績は一〇、二八四トンで三、一〇〇万ドル（約三四億円）となっています。

高興柚子公園のパンフレット（図20）にある柚子茶の作り方を次に示します。

材　料：柚子一キログラム、ハチミツまたは砂糖一キログラム

作り方：

①柚子果実をよく洗って水を拭き取ります。

②半割にして搾汁後、果皮を五ミリメートルの厚さに切断します。

③容器に②の柚子を砂糖またはハチミツと交互に重ねていき、密栓します。

④二〜三日後から利用できます。開栓後は冷蔵庫で保管します。

写真10　ユズ茶の製造工程
細切したユズ果皮と砂糖を混ぜ合せたもの。このあと瓶詰にして商品となります（韓国高興柚子茶工場）。

一〇年ほど前、一一月終わりに珍島のユズ農家を訪れたことがあります。珍島といえば、一年に一度海が割れることで有名な島でご存じの方も多いと思います。この時期の韓国はすでに冬が到来しており、この日も雪の舞う寒い日でした。農家で一服の柚子茶をいただきました。日本では柚子茶がまだ珍しいときで、私にとっては初めての経験でした。湯飲み

に柚子茶を入れ熱湯を注ぎ入れて差し出されました。この一杯の熱い柚子茶のおかげで、冷えきっていた体はすっかり温まり元気をとりもどしました。このときはじめて、柚子茶の効用と柚子茶がこのように韓国の日常生活の中に溶け込んでいることを知りました。

ところで、韓国の食文化には、ユズ果汁をカンキツ酢としてあるいはポン酢として利用する習慣がありません。カンキツ酢が韓国食にマッチしないから使われてこなかったのでしょう。ここに、日本食との違い、あるいは日本人との食味感覚の違いを見つけ出すヒントが隠されているのかもしれません。柚子茶の製造において、ユズ果汁が残ります。韓国では果汁の消費があまりありませんので、以前はその処理が大きな問題でありました。しかし、最近、日本でのユズ果汁の不足から、ユズ果汁が日本に輸出されているようです。韓国としては柚子茶製造過程で廃棄されていたものが有効利用されるわけですから、新しいビジネスとして発展してきているようです。一方、日本では、日本産の食材志向が強い反面、ユズ果汁の絶対量の不足から需給バランスを保つ上で輸入はやむを得ないところもあります。日本でも最近のユズブームで、各地でユズの増植がはかられています。数年先には日本でもユズ生産量が急激に増えると予測されます。ユズ果汁一つをとってもそれぞれの企業がどのように対応していくかその姿勢が今から問われていると思います。

四、植物防疫

海外旅行をされる方はご存じだと思いますが、海外から日本に持ち込める植物には制限があります。これは植物に付着してくる海外からの病虫害が日本国内で蔓延することを防止する目的で作られています。とくにパパイア、マンゴーなどほとんどの熱帯果実類は特別に認可されたものでない限り、持ち込むことができません。カンキツ類も当然規制の対象になっています。カンキツ類の香りを研究する者にとっても、海外で試料収集したものをそのまま持ち込むことはできません。このため、私はこれまですべてのカンキツ試料については海外の大学・研究機関において試料調製を行ったのち、分析試料として必要な精油として持ち帰っています。しかし例外として、朝鮮半島からのカンキツ類の持ち込みは禁止対象ではありません。腐敗果や傷がないことを確認しておけば問題がありません。したがって、韓国からはユズ試料を生の新鮮な果実として持ち込むことができます。

九章　ユズの香りを楽しむ

一、柚子湯

冬至の日にユズの実をうかべたお風呂に入ると、かぜをひかず、また、腰痛、リュウマチ、冷え性などにも効果があると昔からいわれています。冬至湯は奈良時代の聖武天皇の頃に始まるといわれ、ユズを使用するようになったのは江戸時代からといわれています。日本人はとくにお風呂や温泉好きで、今日でも冬至の季節になると、柚子風呂を楽しむ人も多いことと思います。「冬至」と「湯治」、「湯」と「柚」を重ね合わせて、柚子が使われてきました。柚子湯に使う柚子はとくに冬至柚として出荷されています。また、この時期の非常に強いユズ香気には昔から邪気払いがあると信じられてきました。銭湯や温泉宿では冬至の日に柚子果実を湯ぶねいっぱいに浮かべて利用者を喜ばせてくれるところが多いようです。家庭では、ユズ果汁を搾ったあとの果皮を布袋に入れてお風呂に入れて柚子湯を楽しむところが多いようです。

柚子湯に入ると、よく体が温まり、湯冷めしにくいといわれます。これは一理あることで、柚子の皮には精油がたくさん含まれています。ユズをお風呂に入れることによって、精油が浸出し、お湯に精油が広がります。精油成分は四章で示しましたように、テルペン化合物が多く含まれています。このテルペン化合物はたいへん皮膚浸透性がよく、肌から体の中に入り、毛細血管を刺激しいったん収縮させます。血管が収縮すれば、それを拡張させるホルモンが分泌され、結果的には入浴後は血管が通常よりも多く拡張し、血行促進につながります。普通のお湯に比べて柚子湯に入ったあとの血中ノルアドレナリン濃度が四倍も増加しているというデータもあります。このように柚子湯は血の循環をよくすることで、新陳代謝を促し、ひいては万病予防にもつながるものと考えられます。また、柚子果皮には一〇〇グラム果皮あたり約七ミリグラムのビタミンEが含まれています。他の食品例と比較しますと、ウナギ蒲焼では約五ミリグラム、ホウレン草では約二ミリグラムであり、ユズ果皮には意外とビタミンEが多く含まれています。ビタミンEは皮膚の角質化を防ぐ効果があり、皮膚薬にはよく使われています。したがって、柚子湯には果皮由来のビタミンEも含まれるため、肌を滑らかにする効果も期待されます。

白々と女沈める柚子湯かな　　日野草城

柚子湯に入るときの注意をしておきます。小児や肌の敏感な人の中には柚子湯に入ると、皮膚がひりひりと痛かゆくなるという声が聞かれます。これは精油の中の成分が皮膚に刺激を与えているのです。お風呂から上がりしばらくすれば通常はおさまります。気になる方は柚子の量を減らしたり、皮をお風呂に入れる前に少し湯洗いするなどの工夫をすればよいでしょう。しかし、刺激があまり強いと皮膚に炎症を起こす場合もありますので、この場合は柚子湯をひかえることも必要でしょう。

柚子湯の魅力はなんといっても、あの柚子の香りが浴室全体に広がり、その香りを楽しみながら、ゆっくりとお風呂を楽しむことではないでしょうか。おそらく免疫機構も活性化され、リラクゼーション効果をもたらすものと思います。このように考えてみれば、日本人は数百年昔から、柚子湯を通して、無意識のうちにアロマテラピーを実践してきたといえるのではないでしょうか。

二、柚子を使った食のレシピー

柚子を使ったいろいろな料理や菓子類が作られています。中村（二〇〇六）によるユズを利用した創作品のいくつかを紹介します。

和風：柚子味噌、柚子昆布、柚子こしょう、白花豆の柚子煮、さばの柚香焼き、柚子釜バリエーション、柚子ずし、柚子花茶など。

洋風：柚子とチーズのオムレツ、柚子のカルボナーラ、牛肉と柚子のストロガノフ、玄米の柚子リゾットなど。

和菓子：柚餅子、柚子ねり、柚子羹など。

洋菓子：シュー・ア・ラ・柚子、柚子ピールのショコラ、柚子タルトなど。

また、和菓子の匠の創意「ゆず菓子」の趣向も参照されるとよいでしょう（製菓製パン、七〇巻一二号、二〇〇六）。

その他、光江（一九九七）は、ユズの栽培法から利用法まで郷土色豊かなユズの利活用法を紹介しています。

三、柚餅子（ゆべし）

柚餅子（ゆべし）は、平安時代から伝えられている日本の伝統的なユズの加工食品で、保存食あるいは携帯食として用いられてきました。近年は高級和菓子としてお茶うけに用いられています。柚子釜と同じ要領で、ユズ果実の上部を切り、中身をきれいに取り出します。くり抜いた果実の中で、味噌と砂糖と水をよく練り合わせ、これに上新粉、道明寺粉、胡桃、山椒などを加えて、はじめに切り取ったユズのふたをして、蒸します。

蒸すことと風乾を繰り返したあと、和紙に包んで保存食とします。日本各地に老舗があり、それぞれ独特の製法で作られています。柚餅子の主成分は砂糖の炭水化物と味噌のタンパク質ですので、エネルギー源としてもすぐ効果が出ますし、栄養も豊富なことから、兵糧食として重要な役割を果たしていたと思います。

四、柚子こしょう

一般にペパーと呼ばれる胡椒（こしょう）ではなく、九州地方の一部で唐辛子（とうがらし）のことをこしょうとよんでいました。青唐辛子と柚子の皮のペーストに食塩を加え熟成させたものです。柚子の香りがほのかに漂い、鍋料理、刺身、味噌汁、そうめん、うどん、おでんなどの薬味として使用されます。大分県の特産ですが、現在は全国各地で作られ、日本料理で重宝されています。

五、柚子酒

梅酒や花梨酒などと同じように、柚子の皮から柚子酒を作ることができます。柚子酒はユズの皮を丸ごと使用するため、ユズ皮に含まれている有効成分が柚子酒に溶け出し、薬用酒としての効果が期待されます。ユズ果皮にはビタミンCが果汁の五〜六倍多く含まれています。ビタミンCは新陳代謝をよくして活性酸素の発生を抑制するため、重要な生体成分の酸化を抑制し、動脈硬化や高血圧などの疾病、障害の予防に役立ちます。ユズの香りの主成分のリモネンは、気分をリラックスさせ、食欲の促進効果があります。さらに、果皮に含まれているβ-シトステロールは血中のコレステロールを除く作用があり、その結果、動脈硬化の防止や血圧の上昇を抑えます。また、果実に含まれるペクチンは整腸作用やコレステロール低下作用があり、血流をよくして血圧降下に役立ちます。飲み方は食後に四〇～五〇ミリリットル程度（おちょこ一杯程度）が基本です。お湯で割って飲んでもいいですし、料理にも隠し味に使えるのではないでしょか。簡単な柚子酒の作り方の一例を次に紹介します（主婦の友社編、二〇〇八）。

材料

ユズ果実：五～八個（果肉部分六〇〇グラム、皮一〇〇グラム）、ホワイトリカー（三五度）：一一〇〇ミリリットル

作り方

果実をよく洗い、水気をふき取って、ユズの皮をむく。白い部分はできるだけ取り除く。あとで苦みの原因となります。清潔な密閉容器に果肉を入れる。次にむいた皮を加える。ホワイトリカーを注ぎ入れ、ふたをして置いておく。一週間ぐらいから飲む

ことができます。

六、柚子ブリ

ユズの香りのするブリ（鰤）があります。現在、深田（高知大学農学部）によって実用化に向けた研究開発が行われています。ユズの搾汁後の果皮およびユズ果汁を市販の飼料に混ぜ合わせて、養殖ブリに餌の一部として与えます。ブリの中に吸収されたユズ精油は、親油性ですのでとくに脂肪組織に蓄積することにより、ユズの香りをもつブリが期待されます。実際にユズを食餌としたブリの切り身から香りの分析をしますと、ユズ成分が検出されました。また、官能的にも、刺身、焼き物、煮物、ブリしゃぶの料理からも、ほのかなユズの香りが確認できました。魚料理とユズは相性がいい上に、ユズ香をもたせることによって魚の生臭さの軽減にも役立つものと思われます。柚子ブリのにぎり鮨もよろしいのではないでしょうか。現在、日本のみならず、世界的にもカンキツ果実の搾汁後の残滓利用は大きな問題となっています。資源の有効利用という観点からも、養殖魚の飼料としての利用の道が展開すれば、まさしく食物連鎖のごとく、植物であるユズから動物の魚へ、そして人間へとユズが物質循環をし、ひいては資源の有効利用につながります。これまでにないユズの新たな利用法として、そして山と海の産業が融合した事業展開としても関心が寄せられています。

七、自分で作るユズのフレグランス

（一）柚子種子の化粧水

ユズを絞ったあとにはたくさんの種子が残ります。この種子を洗わずに焼酎に漬け込みます。種子が完全につかるぐらいまで焼酎を入れ、密閉して冷暗所に置きます。半月くらいしますと、ペクチンが固まってゼリー状になります。ほのかなユズの香りがし、これを顔、手、足などにつけると肌あれを防ぎ、皮膚につやが出て白くなり、しみも薄くなるといわれています。これはおそらく、ユズのペクチンが皮膚の上で薄い皮膜を作り、皮膚の保湿効果を高めていると考えられます。

（二）ユズ精油のアロマグッズレシピー

ユズ精油を使ったアロマ製品は、最近アロマショップでも手に入れることができるようになりました。ここには、和田（アロマ共同研究者のメンバー）による、いくつかのレシピーを紹介します。

(1)バスソルト（二日酔い対策のブレンドオイルとして期待されます）：一回分の配合

割合として、ソルト一五〇グラムにエッセンシャルオイルとしてユズ三滴、ジンジャーオイル二滴、ジュニパー一滴、サンダルウッド一滴を加えよくかき混ぜる。

(2)バスフィズ（ユズづくし）：二個分の配合割合として、重曹大さじ三、クエン酸小さじ五、コーンスターチ小さじ五、ユズパウダー小さじ二を混ぜ合わせた後、ハチミツ小さじ一強加え、粉っぽさがなくなるように練り合わせる。ユズ精油一〇滴を加えて混ぜた後、ラップフィルムにのせ、ボール状に丸め、そのまま五〜一〇分ほど放置してかためる。

(3)練り香水：ホホバオイル二五グラムとミツロウ四グラムを加温し、容器に入れて荒熱をとった後、下表のように混合精油をブレンドする。

ブレンド	トップノート	ミドルノート	ベースノート
その一	レモン二滴 プチグレン二滴 ユズ五滴 ベルガモット二滴	ブラックペッパー三滴 コリアンダー三滴	サンダルウッド四滴 フランキセンス四滴

その二	レモン三滴 プチグレン三滴 ユズ六滴 ベルガモット四滴	ローズマリー三滴 パルマローザ二滴	サンダルウッド四滴

(4)ユズローション（さっぱりタイプ）：グリセリン五ミリリットルに無水エタノール五ミリリットルを加えた溶液に硬度一〇〇の海洋深層水を一〇〇ミリリットル加える。これにユズ精油五滴加える。

ユズローション（ややしっとりタイプ）：ホホバオイル二ミリリットル、グリセリン五ミリリットルに無水エタノール五ミリリットルを加えた溶液に二％トレハロース溶液を一〇〇ミリリットル加える。これにユズ精油五滴加える。

ユズローション（しっとりタイプ）：ローズヒップオイル二ミリリットル、マカデミアンナッツオイル二ミリリットル、グリセリン五ミリリットルに無水エタノール五ミリリットル加えた溶液に、五％の一、三-ブチレングリコールで一週間浸出したユズの種子エキスを五〇ミリリットル、二％のミネラルトレハ溶液を五〇ミリリットル加える。これにユズ精油五滴加える。

(5)ユズのハンドクリーム：スイートアーモンドオイル四五ミリリットルにミツロウ五グラム、植物性ワックス五グラム加えたものを加温し、溶解したものを加温したユズ果汁四五ミリリットルに混合しよく混ぜる。荒熱がとれたらユズ精油三滴加えて遮光瓶に保存する。

(6)ユズ石けん：マルセイユ石けんを作る要領でけん化したのち、粉砕したユズ果皮とユズ精油を適量加え固めます。ユズの香りを楽しみながら洗顔等ができるのではないでしょうか。レシピーの一例を次に示します（家庭で作るときは、容器、器具は適宜、アレンジしてください）。

材料

オリーブ油：五〇〇ミリリットル（四五八グラム）、パーム油：七〇ミリリットル（六四グラム）、ココナッツ油：一二〇ミリリットル（一一二グラム）、カセイソーダ：八三グラム、水：二五〇ミリリットル、乾燥したユズ果皮：二〇グラム、ユズ精油：五ミリリットル

作り方

①ビーカー（耐熱性ガラス容器）にカセイソーダ八三グラムと水二五〇ミリリットルを加える。（カセイソーダを撹拌するのにガラス棒を使う。発熱するので注意する。

目や皮膚に飛沫が飛び散らないように注意する。）温度計を使って四〇℃まで冷ます。

②ボウル（ステンレス製）にオリーブ油とパーム油、ココナッツ油の全量を入れ、四〇℃に保つ。ボウルをお湯の中につけて行うと、温度調節しやすいし、より安全です。

③カセイソーダ水溶液と油の温度が両方四〇℃にそろったら、ボウルの油の中で泡立て器を使うか、または手でよくかき混ぜながらカセイソーダ水溶液を少しずつ注ぎ入れる。

④そそぎ終わった後、少なくとも二〇分間、タネがはねないように注意しながら、油の色がとろりと白っぽくなるまで混ぜ続ける。

⑤その後は、ときどき、一、二時間ごとにかき混ぜながら、けん化が進むのを待つ。一二～二四時間、泡立て器またはかくはん棒をボウルに入れたまま、ラッピングをして一晩放置する。

⑥けん化が進んで、濃いカスタードクリームのようになったら、ミキサーで粉砕したユズ果皮とユズ精油を加え、ゴムベラでかきまぜる。型（牛乳パックやケーキ型など）に流し込み、タコ糸で形を整える。

⑦型ごと、保温の良い発泡スチロールの箱に入れ（保温のためであり、気温が低いときは毛布をかける）、一日放置する。一日後箱から型を取り出す。

⑧翌日、箱から型を取り出し、中身が固まったらカッターなどで型を切り開き、取り出す。

⑨包丁で適度な大きさに切り分け通気のよい、乾燥した場所で四週間ほど寝かせて、熟成させたら完成です。

あとがき

世界に一万種類以上存在するといわれるカンキツ類、その中で私たちがこれまで遭遇してきたカンキツの種類はいかほどでありましょうか。オレンジ、ミカン、グレープフルーツ、レモン、ライムと指折り数えていっても、おそらく二〇〜三〇種類程度でとまってしまうのではないでしょうか。私の保有しているカンキツ精油組成のデータベースも一五〇種類程度で、全体からみればごく一握りのものでしかありません。カンキツ類はまだまだ未知の領域といっても過言ではないでしょう。一方、私たちの知りうる限られたカンキツ類の中には一つとして、私たちを不快にさせる香りをもつカンキツ類はありません。数多くの香料の中でも、世界の人々にもっとも身近に、快く受け入れられる香りがカンキツ類の香りだと思います。

香りという視点からみたとき、私の知りうるカンキツ類で、もっとも個性的でインパクトの強い香りをもつカンキツ類はベルガモットとユズではないかと思います。ベルガモットはイタリアで発生し、ヨーロッパを中心に広まり、今日では世界の香料とくに香水原料としてなくてはならないものとなっています。ベルガモットはたいへん格調の高い香りを有しています。一方、ユズは今日、日本と韓国でしか生産されておりません。

ユズの生産がやっと統計的に現れだしたのは一九六〇年代からです。ベルガモットの商業生産が始まったのは一七五〇年頃ですので、ベルガモットとの差は二世紀以上あり、ベルガモットが世界市場で優勢であることは当然のことであります。二一世紀は「香りの時代」ともいわれます。二〇世紀までは一般の人々の感覚が香りまで集中できない時代ではなかったのではないでしょうか。二一世紀になってそれまで培われていた香りに対する感覚が一度に花をひらいたように思います。アジアにおいても、東南アジアの国々を訪れるたびに、人々のアロマに対する関心が急速に高まっている印象を受けます。

私は、カンキツ類は芳香資源植物と考え、世界にまだ埋もれている多数のカンキツ類の香りを知ることが、今後さらに新しいフレーバーやフレグランスを開発していく上での基礎的情報として必要ではないかと思います。そのような状況を踏まえた上で、アジアの誇れるカンキツの一つとして今、世界に発信できるカンキツがユズではないかと考え、これまでの知見と知識を書にまとめました。ユズに対して少しでも多くの人の理解が得られれば幸いです。

参考図書

単行本関係

（一）岩政正男：柑橘の品種、静岡県柑橘農業協同組合連合会（一九七六）

（二）印藤元一：香料の実際知識、東洋経済新報社（一九八五）

（三）長谷川香料株式会社：においの化学、裳華房（一九八九）

（四）光江修一：東洋の香り。高知新聞企業出版部（一九九七）

（五）岩堀修一、門屋一臣：カンキツ総論、養賢堂（一九九九）

（六）荒井綜一、小林彰夫、矢島　泉、川崎通昭：最新香料の事典、朝倉書店（二〇〇〇）

（七）清水純夫、角田　一、牧野正義：食品と香り、光琳（二〇〇四）

（八）Sawamura, M., CITRUS JUNOS SIEB. EX TANAKA（YUZU）FRUIT. In "Fruits: *Growth, Nutrition, and Quality*", ed. Dris, R., WFL Publisher, Finland (2005)

（九）中村成子：柚子、メディクス（二〇〇六）。柚子のあるくらし、文化出版局（二〇〇六）

（十）ロバート・ティスランド、トニー・バラシュ：精油の安全性ガイド上巻／下巻（高山林太郎訳）、フレグランスジャーナル社（二〇〇七／二〇〇六）

（十一）主婦の友社編：血圧がムリなく下がる一〇〇のコツ、主婦の友社（二〇〇八）

定期刊行物関係

（一）AROMA RESEARCH：フレグランスジャーナル社

（二）アロマテラピー学雑誌：日本アロマ環境協会

（三）Flavour and Fragrance Journal: Wiley

（四）Bioscience, Biotechnology, and Biochemistry：日本農芸化学会

（五）Food Science and Technology Research：日本食品科学工学会

（六）Journal of Agricultural and Food Chemistry: American Chemical Society

（七）香料：日本香料協会

（八）香料・テルペンおよび精油化学に関する討論会要旨集：日本化学会

（九）aromatopia：フレグランスジャーナル社

謝　辞

大学院でのカボスの食品化学的研究をきっかけに、カンキツ類のフレーバーに関する研究が私のライフワークとなりました。食品分析学と食の美について薫陶を賜りました九州大学名誉教授筬島　豊先生に感謝いたします。また、香りの基礎学問となる天然物有機化学の環境を育んでいただいた高知大学名誉教授故鴛渕武雄先生並びに同名誉教授楠瀬博三先生に謝意を捧げます。また、これまで研究にご協力していただきましたみなさまに心よりお礼申し上げます。

本書出版に際し、ご指導、ご教示を賜りました筑波大学名誉教授渋谷達明先生に厚くお礼申し上げます。また、フレグランスジャーナル社会長の津野田　勲氏には多大のご協力、ご支援をいただきました。この場を借りて、厚くお礼申し上げます。

「香り選書」シリーズについて

香り、匂い、アロマに関する書籍は、近年各出版社から数多く発行されており、その種類も年々増加しているのが現状です。それは、学術研究の成果を中心にした専門的な学術書から一般書、さらにいわゆるハウツーものなどにわたっています。例えば、香り物質の化学、嗅覚のメカニズム、匂いと行動また香粧品の香り、アロマテラピーなど雑誌類も含めて目にする機会が多くなりました。さらに最近では、われわれの日常生活とともに健康面においても香りが重要な影響を及ぼしていることも解明されるようになり、これらの刊行物は、今後学術的な研究の進展ばかりでなく、香りの文化・芸術に至るまで大きく寄与していくことでしょう。

今回小社では、二十一世紀には極めて広い分野で香りが飛躍的に注目されていくであろうことを予測しながら、「香り選書」シリーズの出版を企画しました。まず何よりも香りや匂いに関する科学的知識をわかりやすく正しく解説し、それを多くの方々に伝えることが大切な目標の一つです。香りが果たすであろう幅広い範囲をカバーしつつ、各テーマの知識と情報をできるだけ読みやすい文章で全体を組み上げていきたいと考えています。香りの分野で仕事をされている方々はもちろん、香りに深い興味を持っておられる一般の方々、大学の関連分野で学んでいる学生諸君などに利用していただけることを望んでいます。さらに高校などにおける副読本としても充分に利用できるシリーズ本となるでしょう。

「理解しやすい香りの本」刊行に際して、多くの読者皆様のご理解を賜りますようお願いいたします。

フレグランスジャーナル社代表取締役会長　津野田　勲
「香りの図書館」館長（筑波大学名誉教授）　渋谷　達明

著者略歴
沢村　正義（さわむら　まさよし）
出身地　高知県
1968年　高知大学農学部農芸化学科卒業
1970年　九州大学大学院農学研究科修士課程農芸化学専攻修了
1972年　九州大学農学部助手
1974年　農学博士（九州大学）
1976年　日本缶詰協会逸見賞受賞
1977年　オランダ・ワーゲニンゲン大学に文部省在外研究員として滞在
1978年　高知大学農学部助教授
1992年　高知大学農学部教授
1996年　イタリア・レッジョカラブリア大学に文部省在外研究員として滞在
1999年　ケニア・ジョモケニヤッタ農工大学にJICAの短期専門家として派遣
著　書　Sawamura, M., Volatile components of essential oil of the *Citrus* genus. In "Recent Research Developments in Agricultural & Food Chemistry, Vol. 4", ed. Pandalai, S. G., Research Signpost, Trivandrum, India, pp. 131-164 (2000)
沢村正義：日本ユズ精油の特性と活性作用。「香りの機能性と効用　アロマサイエンスシリーズ21」、アロマサイエンス シリーズ21編集委員会編、フレグランスジャーナル社、東京、pp. 231-237 (2003)
Sawamura, M., CITRUS JUNOS SIEB. EX TANAKA (YUZU) FRUIT. In "Fruits: *Growth, Nutrition, and Quality*", ed. Dris, R., WFL Publisher, Finland, pp. 1-24 (2005)　他

香り選書⑦　ユズの香り
—柚子は日本が世界に誇れる柑橘—

平成20年11月25日（2008）　第1版第1刷発行
平成21年8月31日（2009）　第1版第2刷発行
著　者　沢村　正義
発行者　茂利　文夫
発行所　フレグランスジャーナル社
東京都千代田区飯田橋1-5-9　精文館ビル
電話 03（3264）0125　FAX 03（3264）0148
http://www.fragrance-j.co.jp
振替口座　00150-6-169545

FRAGRANCE JOURNAL LTD.
Seibunkan Bldg., 1-5-9, Iidabashi, Chiyoda-ku, Tokyo 102-0072, JAPAN

印刷：創栄図書印刷株式会社　　乱丁，落丁はお取りかえいたします。

ISBN 978-4-89479-147-3